Achtung: Mathe und Statistik

Björn Christensen
Sören Christensen

Achtung: Mathe und Statistik

150 neue Kolumnen zum Nachdenken und Schmunzeln

Björn Christensen
Fachbereich Wirtschaft
FH Kiel
Kiel, Deutschland

Sören Christensen
Fachbereich Mathematik
Universität Hamburg
Hamburg, Deutschland

ISBN 978-3-662-57738-7   ISBN 978-3-662-57739-4   (eBook)
https://doi.org/10.1007/978-3-662-57739-4

Die Deutsche Nationalbibliothek verzeichnet diese Publikation in der Deutschen Nationalbibliografie; detaillierte bibliografische Daten sind im Internet über http://dnb.d-nb.de abrufbar.

Verantwortlich im Verlag: Iris Ruhmann

Springer ist ein Imprint der eingetragenen Gesellschaft Springer-Verlag GmbH, DE und ist ein Teil von Springer Nature
Die Anschrift der Gesellschaft ist: Heidelberger Platz 3, 14197 Berlin, Germany

Geleitwort der Stiftung Rechnen

Mit ihrer Kolumnensammlung „Achtung: Statistik", die 2015 als Buch erschienen ist, haben die Professoren Björn und Sören Christensen gezeigt, dass Statistiken die unterschiedlichsten Bereiche unseres Lebens in spannenden Zahlen widerspiegeln können. Dazu ist es aber wichtig, dass man sie richtig lesen und verstehen kann.

Die positive Resonanz auf das erste Buch und die nahezu unerschöpfliche Anzahl an Themen, die – wie die Statistik – mit Mathematik zu tun haben, führen jetzt zu einem weiteren Buch der beiden Brüder.

Das vorliegende Buch befasst sich also folgerichtig mit verschiedenen Themen und Aspekten rund um die Welt der Zahlen. Wie schon beim Erstlingswerk ist für die Lektüre des Buchs ausdrücklich kein besonderes Vorwissen nötig. Im Gegenteil, die Themen sind direkt aus dem

Alltag und der Lebenswelt gegriffen. So werden auch Leserinnen und Leser Freude an diesem Buch haben, die eher zu Berührungsängsten mit der Mathematik neigen.

Björn und Sören Christensen, die auch Mathe-Botschafter der Stiftung Rechnen sind, schaffen so einen niedrigschwelligen und unterhaltsamen Zugang zu mathematischen Themen und verzichten dabei bewusst auf Formeln und Fachbegriffe. Die Beispiele aus dem Alltag sind leicht verständlich und immer auch mit einem Augenzwinkern zu verstehen.

Viel Freude beim Lesen und dem Ausflug in die Welt der Zahlen wünscht die Stiftung Rechnen.

Vorwort

Es ist inzwischen über sechs Jahre her, dass wir auf die Idee kamen, regelmäßig Alltagsthemen der Statistik zu sammeln und aufzubereiten. Im Rückblick können wir selbst kaum glauben, dass die daraus entstandene Kolumne „Achtung: Statistik" seitdem praktisch jede Woche ein fester Bestandteil des Schleswig-Holstein Journals, der Wochenendbeilage der Tageszeitungen des Schleswig-Holsteinischen Zeitungsverlages, ist. Inzwischen schreiben wir häufig auch zu allgemeineren Themen der Mathematik, sodass sich der Titel zu „Achtung: Mathematik" gewandelt hat. Das Konzept ist aber nach wie vor das gleiche: Wir greifen Themen des Alltags auf, die im weitesten Sinne mit Statistik und Mathematik zu tun haben und stellen diese so dar, dass sie auch im Morgenmantel am Frühstückstisch genießbar sind. Da, wie Stephen Hawking behauptete, jede verwendete Formel die Leserzahl halbiert, verzichten wir fast vollständig darauf. Sie sind auch gar nicht nötig, da für die meisten Alltagsfragen der „gesunde Menschenverstand" ausreicht.

Die ersten 150 Kolumnen bildeten den Grundstock für unser erstes Buch „Achtung: Statistik", das 2015 erschienen ist. Damals waren wir nicht sicher, ob die Zusammenfassung der Kolumnen zu einem Buch eine gute Idee ist. Schließlich sind diese Woche für Woche entstanden und bauen dadurch nicht aufeinander auf, sodass die einzelnen Aspekte der Statistik und Mathematik niemals vollständig beleuchtet werden. Die vielen positiven Reaktionen in Zuschriften und bei Lesungen haben unsere Zweifel dann aber zerstreut und uns bewogen, uns an diesen zweiten Teil zu wagen. Auch hier erwartet Sie also kein Buch, das Sie zur Hand nehmen und von vorn nach hinten durchlesen müssen. Viel mehr eignet es sich, um – je nach Interesse in diesem Moment – von Kapitel zu Kapitel und von Kolumne zu Kolumne zu springen, darin zu schmökern und das Buch zwischenzeitlich auch wieder eine Zeit lang aus der Hand zu legen.

Dieses Buch ist aber keine reine Fortführung des ersten Teils. So haben wir unseren Fokus etwas mehr auf die Mathematik verschoben. Denn auch die taucht an vielen Stellen unseres Lebens auf – häufig ohne dass wir es merken. So finden sich in diesem Buch nun drei Kapitel zur faszinierenden Welt der Zahlen und Strukturen.

Auch wenn uns die Kolumnenlänge von rund 2000 Zeichen für viele Inhalte nach wie vor ideal erscheint, liefen uns im Laufe der Zeit immer wieder Themen über den Weg, die ein wenig mehr Platz benötigen. Daher haben wir 2015 damit begonnen, in unregelmäßigen Abständen eine weitere Kolumne zu schreiben: „Angezählt" auf SPIEGEL ONLINE. Auch die dort inzwischen erschienenen Artikel haben Eingang in dieses Buch gefunden, sodass einige der Abschnitte für die Leser des ersten Buchs ungewohnt lang erscheinen werden – wir hoffen aber, dass es sich lohnt. Daneben haben wir auch für „Summa – der Blog" der Stiftung Rechnen geschrieben, wovon ebenfalls Teile in dieses Buch eingeflossen sind.

Oft werden wir gefragt, wie wir jede Woche auf neue Themen für die Kolumnen kommen. Zum einen sind wir in der glücklichen Situation, dass die Statistik und Mathematik an so vielen Stellen unseres Lebens auftaucht und auch eine wesentliche Rolle bei vielen aktuellen politischen und gesellschaftlichen Themen spielt, dass schon die einfache Zeitungslektüre die Themen nahezu aufdrängt. Das geht aber nicht nur uns so. Eine ganze Reihe der in diesem Buch verarbeiteten Kolumnen hat ihren Ursprung in Hinweisen aus dem Leserkreis und von Freunden und Bekannten. Dafür bedanken wir uns an dieser Stelle ganz herzlich!

Die Umsetzung dieser Ideen war nur möglich, weil wir so große Unterstützung bei der Publikation hatten. An erster Stelle sind hier die Mitarbeiterinnen und Mitarbeiter im Schleswig-Holsteinischen Zeitungsverlag zu nennen, die uns in all den Jahren auch bei kurzfristigen Themenänderungen und ausgefallenen Wünschen zur Umsetzung sehr geholfen haben. Holger Dambeck von SPIEGEL ONLINE danken wir dafür, dass er uns zu der Reihe „Angezählt" ermutigt hat und uns stets mit vielen guten

Vorschlägen zu möglichen Themen und deren Umsetzung zur Seite stand. Bei den Kolumnen für den SUMMA-Blog unterstützte uns Tanja Holstein-Wirth von der *Stiftung Rechnen*.

Bei der technischen Umsetzung und der kritischen Durchsicht des Manuskripts hat uns außerdem Brigitte Deest sehr unter die Arme gegriffen. Vielen Dank dafür!

Auf Seiten des Verlags Springer danken wir insbesondere Iris Ruhmann für den Anstoß zu diesem Projekt und den Ratschlägen bei der Realisierung.

Außerdem ist es gute Tradition, dass in Büchern den Eltern der Autoren gedankt wird. In unserem Fall ist dieser Dank ganz besonders gerechtfertigt. Neben allem, was wir unseren Eltern Bärbel und Erik Christensen ganz allgemein verdanken, haben diese auch ganz direkt an der Entstehung mitgewirkt. Es gibt fast keine Kolumne in diesem Buch, die nicht vorher durch ihre Hände gegangen ist. Viele wertvolle Hinweise und Korrekturvorschläge konnten wir so einfließen lassen. Ihr Anteil an diesem Buch ist gar nicht hoch genug einzuschätzen.

Ein ganz besonderer Dank gilt wieder unseren Frauen und Kindern, die auch bei der Erstellung dieses Buchs immer wieder auf unsere (geistige) Anwesenheit verzichten mussten.

Aus Gründen der besseren Lesbarkeit verwenden wir in diesem Buch übrigens überwiegend das generische Maskulinum. Dies impliziert immer beide Formen, schließt also die weibliche Form mit ein.

Björn Christensen
Sören Christensen

Inhaltsverzeichnis

„Laut einer aktuellen Studie…"

Es vergeht wohl kaum eine Nachrichtensendung ohne die Worte „Laut einer aktuellen Studie…". Studien sind überall. Und in den meisten spielen Zahlen eine entscheidende Rolle. Einige dieser Studien helfen tatsächlich, die Welt ein bisschen besser zu verstehen. Bei anderen kann man sich aber schon fragen, ob die Ergebnisse nicht mehr über die Interessen des Autors als über die eigentlich untersuchte Frage verraten. Und wieder andere sind einfach handwerklich schlecht gemacht. Aber woran kann man die hilfreichen von den wenig verlässlichen Untersuchungen unterscheiden? Dazu gibt es natürlich kein Patentrezept. Dafür sind die untersuchten Fragen einfach zu unterschiedlich. Aber es gibt doch einige ganz einfache Punkte, die in vielen Fällen schnell eine gute Einschätzung ermöglichen. Am besten gelingt dies mit einem breiten

© Springer-Verlag GmbH Deutschland, ein Teil von Springer Nature 2018
B. Christensen und S. Christensen, *Achtung: Mathe und Statistik,*
https://doi.org/10.1007/978-3-662-57739-4_1

Fundus an Beispielen im Hinterkopf. Dazu ist dieses erste Kapitel gedacht, in dem wir viele potenzielle Schwierigkeiten bei Studien mit Statistik aufzeigen. Die Auswahl liegt also bewusst auf Negativbeispielen. Dies sollte nicht den falschen Eindruck erwecken, Statistiken wären nie zu trauen. Zu vielen positiven Beispielen werden wir später noch kommen. Aber ohne diese problematischen Fälle vor Augen lassen sich diese Positivbeispiele vielleicht nicht richtig würdigen.

Was Umfragen wert sind: Wir würfeln uns eine „Studie"

Nach Bundesländern aufgeschlüsselte Umfrageergebnisse werden gern zitiert. Wer will nicht wissen, ob der Berliner wirklich unfreundlicher ist als der Hamburger? Solche Statistiken sind eine Steilvorlage für jede Lokalzeitung. Unternehmen nutzen sie für PR-Zwecke aus, indem sie eine wahre Flut an Befragungen durchführen lassen, für die auch regionale Ergebnisse ausgewiesen werden.

Nun mögen die regionalen Ergebnisse durchaus interessant sein. Es stellt sich aber die Frage, welchen Wert sie haben. Liegen nämlich nur geringe Fallzahlen je Region zugrunde, führt dies zu erheblicher statistischer Unsicherheit.

Das Problem lässt sich leicht nachvollziehen, wenn man z. B. eine Münze wirft. Bei 100 Würfen liegen nur in etwa 8 % der Fälle genau 50-mal Bild und 50-mal Zahl oben. Meist tritt durch Zufall eine der beiden Seiten häufiger auf. Man kann sogar in mehr als jeder vierten Wurfserie erwarten, dass die beiden Anzahlen um mehr als 10 auseinanderliegen – und das rein durch Zufall. Würde man die Münze hingegen deutlich häufiger werfen, sollte sich das Verhältnis von Zahl und Bild tendenziell ausgleichen.

Nun werden bei Umfragen keine Münzen geworfen. Trotzdem passiert dabei ganz Ähnliches. Denn bei der Auswahl der Befragten ist zwangsläufig Zufall im Spiel. Wie bei 100 Münzwürfen eine Seite deutlich dominieren kann, können auch unter 100 Befragten Vertreter einer bestimmten Meinung zufällig überrepräsentiert sein.

Wie sehr man den Daten trauen darf, verrät eigentlich die sogenannte statistische Signifikanz. Signifikanz bedeutet dabei vereinfacht ausgedrückt, dass die beobachteten Ergebnisse nicht rein durch Zufall zu erklären sind. Grundsätzlich gilt: Befragungen sind umso vertrauenswürdiger, je mehr Teilnehmer sie haben.

Wie stark der Zufall die Ergebnisse bei geringen Fallzahlen beeinflusst, zeigt unsere folgende kleine Zahlenspielerei zu Seitensprüngen der Deutschen. Meinungsforscher hatten 1600 Bundesbürgern, je Bundesland 100, folgende Frage gestellt: „Hatten Sie schon einmal eine Affäre während einer festen Partnerschaft?"

21 % der Befragten antworteten mit „ja", sodass man die meisten Deutschen wohl als eher treu bezeichnen kann. Aber die Umfrage ergab auch regionale Unterschiede. Die Berliner sind mit 32 % angeblich am wenigsten treu – darüber und auch über die Unterschiede zwischen den anderen Bundesländern wurde viel diskutiert. Aber sind diese real oder allein mit dem Zufall zu erklären? Sie können sich davon selbst ein Bild machen. Wir haben eine Karte mit den wahren

Umfrageergebnissen erstellt und vier weitere hinzugefügt. Letztere zeigen rein fiktive Umfrageergebnisse, die wir quasi am Computer gewürfelt haben. Stellen Sie sich eine gezinkte Münze vor, die in 21 % aller Würfe Zahl zeigt (=Ich bin schon fremdgegangen) und in 79 % der Würfe das Wappen (=Ich war immer treu). Das Werfen dieser gezinkten Münze kann der Zufallsgenerator in einem Computer übernehmen.

Für jedes Bundesland hat der Computer hundertmal die Münze geworfen, was genau hundert befragten Personen entspricht. Die Ergebnisse der vier simulierten und der realen Umfrage finden Sie in den Karten der Abb. 1, 2, 3, 4 und 5.

Haben Sie die echten Umfragedaten erkannt? Diese sind auf Karte in Abb. 2 dargestellt.

Es fällt auf, dass sich die fünf Datensätze strukturell stark ähneln. Die niedrigste Fremdgehquote liegt bei 13 bis 14 %, die höchste zwischen 27 und 32 %. Nur die Verteilung der Werte auf die Bundesländer ändert sich von Datensatz zu Datensatz – dahinter steckt letztlich der Zufall.

Versuchen Sie es gerne noch mit einem zweiten Beispiel. Es basiert auf der Studie „Die Ängste der Deutschen 2015" – durchgeführt im Auftrag einer namhaften Versicherung. Der Befragung lag eine Stichprobe von knapp 2400 Personen zugrunde, was für solche Umfragen schon eine eher große Zahl ist.

Auch hier wurden die zugrunde liegenden Ergebnisse nach Bundesländern getrennt ausgewertet. Dabei fassten die Autoren Bremen, das Saarland und Schleswig-Holstein jeweils mit Nachbarbundesländern zusammen, sodass sich

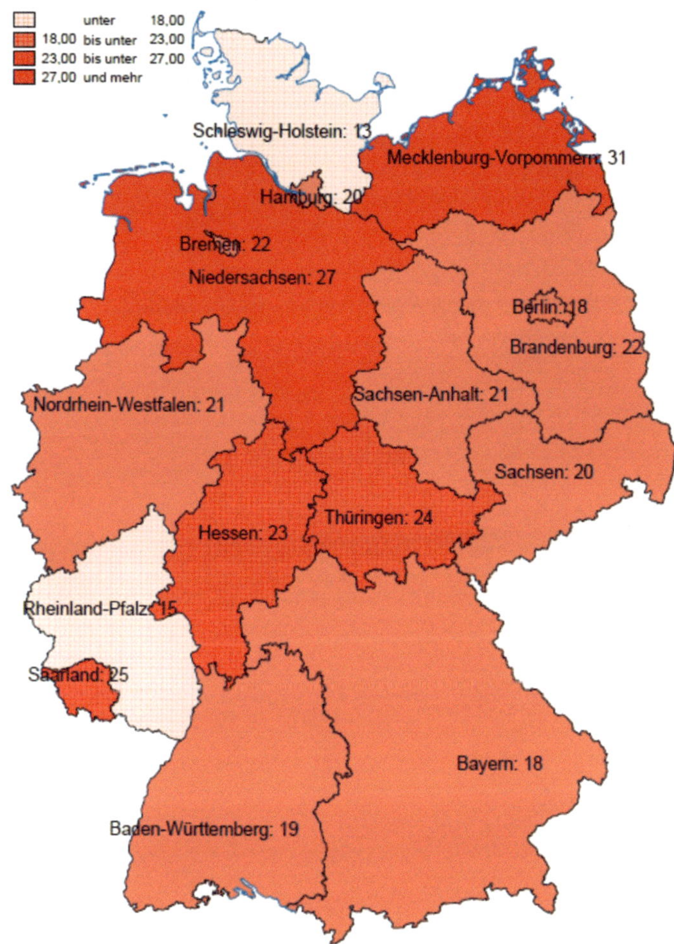

Abb. 1 Karte 1

unter   18
18 bis unter   23
23 bis unter   27
27 und mehr
Schleswig-Holstein: 17
Mecklenburg-Vorpommern: 19
Hamburg: 17
Bremen: 25
Niedersachsen: 18
Berlin: 32
Brandenburg: 13
Nordrhein-Westfalen: 18
Sachsen-Anhalt: 20
Sachsen: 22
Thüringen: 23
Hessen: 22
Rheinland-Pfalz: 18
Saarland: 30
Bayern: 19
Baden-Württemberg: 18

Abb. 2   Karte 2

unter 18
18 bis unter 23
23 bis unter 27
27 und mehr
Schleswig-Holstein: 23
Mecklenburg-Vorpommern: 14
Hamburg: 16
Bremen: 16
Niedersachsen: 20
Berlin: 26
Brandenburg: 19
Nordrhein-Westfalen: 28
Sachsen-Anhalt: 17
Sachsen: 23
Thüringen: 18
Hessen: 18
Rheinland-Pfalz: 21
Saarland: 19
Bayern: 18
Baden-Württemberg: 23

Abb. 3 Karte 3

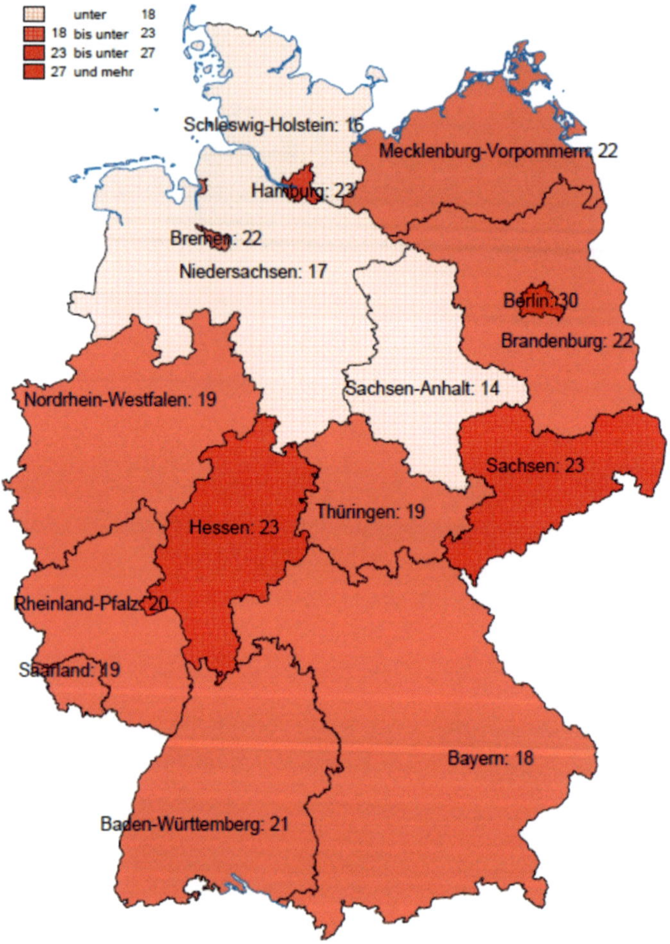
unter 18
18 bis unter 23
23 bis unter 27
27 und mehr
Schleswig-Holstein: 16
Mecklenburg-Vorpommern: 22
Hamburg: 23
Bremen: 22
Niedersachsen: 17
Berlin: 30
Brandenburg: 22
Sachsen-Anhalt: 14
Nordrhein-Westfalen: 19
Sachsen: 23
Thüringen: 19
Hessen: 23
Rheinland-Pfalz: 20
Saarland: 19
Bayern: 18
Baden-Württemberg: 21

Abb. 4 Karte 4

Abb. 5 Karte 4

13 Regionen ergaben. Auch wenn die Gesamtzahl der Teilnehmer also groß war, ist die Zahl der Befragten in den einzelnen Regionen schon deutlich niedriger.

Die Diagramme in den Abb. 6, 7, 8 und 9 zeigen die Veränderung der Anteile an sorgenvollen Menschen zwischen den Jahren 2014 und 2015. Wie viel Prozent der Befragten sind ängstlicher geworden? Oder ist der Anteil ängstlicher Menschen im Vergleich zum Vorjahr gesunken – erkennbar an einer negativen Prozentzahl?

Wiederum haben wir den Computer durch zufällige Auswahl der Befragten Datensätze berechnen lassen – diesmal dargestellt durch Balkendiagramme. Diesen liegt die Annahme zugrunde, dass sich an den Ängsten der Menschen in den Regionen in Wirklichkeit nichts geändert hat. Finden Sie jetzt die wahren Ergebnisse?

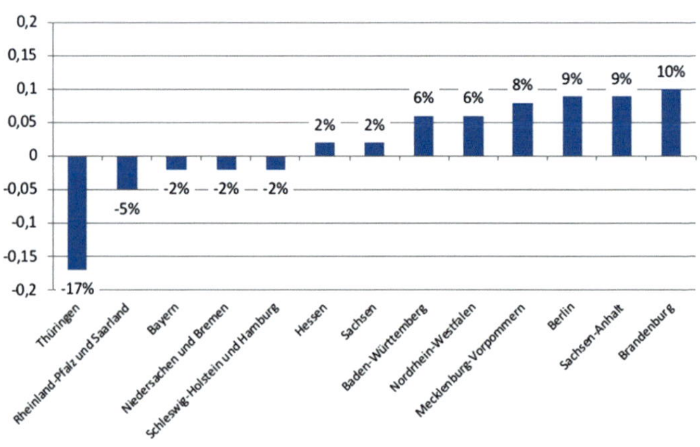

Abb. 6   Diagramm 1

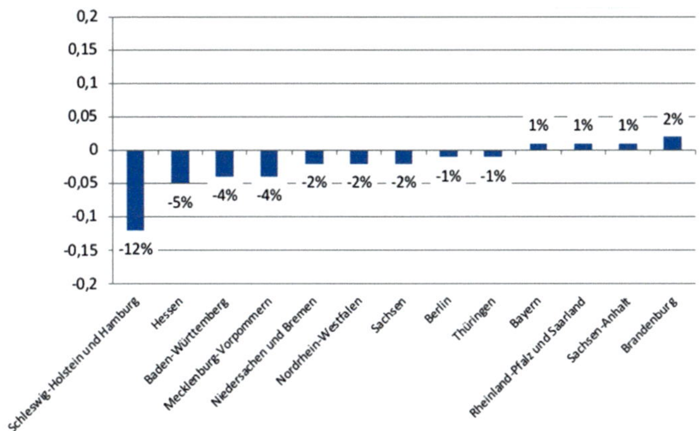

Abb. 7 Diagramm 2

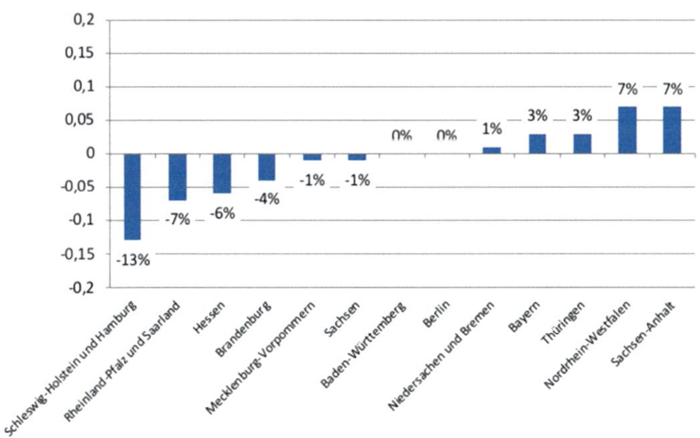

Abb. 8 Diagramm 3

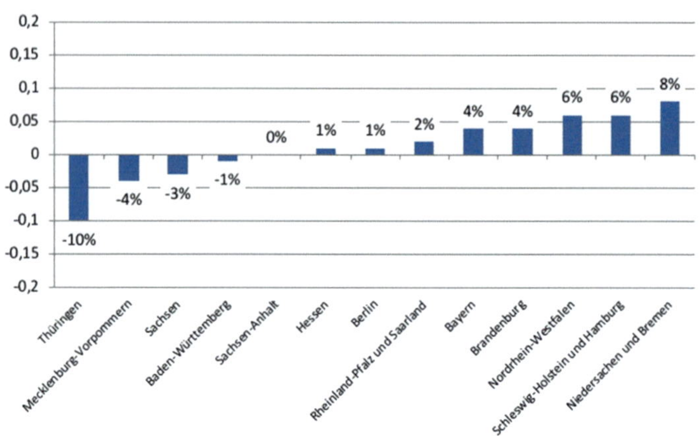

Abb. 9 Diagramm 4

Die wahren Umfrageergebnisse sind in Diagramm 3 (Abb. 8) dargestellt.

Und auch dieses Beispiel zeigt, dass die vom Computer gewürfelten Daten ganz ähnlich strukturiert sind wie die Umfragedaten.

Sie sehen: Manchmal ist es gar nicht so einfach zu entscheiden, ob regionale Ergebnisse von Befragungen aufgrund geringer Fallzahlen nur dem Zufall geschuldet sind oder ob sie einen inhaltlichen Hintergrund haben. Vielleicht sollte man solchen regionalen Vergleichen in Zukunft eher unterhaltsamen als ernst zu nehmenden Wert beimessen.

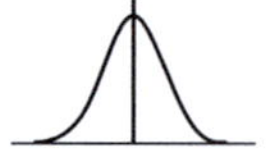

Marktanteile kurios

Die Rundfunkbeiträge – im Volksmund nach wie vor GEZ-Gebühren genannt – sind immer für eine Schlagzeile gut. 2017 sorgte dabei besonders eine Forderung der Sendergruppe ProSiebenSat.1 für Diskussionen. Deren Vorstandsmitglied Conrad Albert verlangte in einem Interview in der Frankfurter Allgemeinen Sonntagszeitung auch einen Teil der Beiträge für seine Sender. Als Begründung führte er an, dass „junge Leute Politik bei ProSieben gucken" würden. Dann lieferte er auch gleich die entsprechenden Zahlen mit: „In der Zielgruppe von 14 bis 29 Jahren erreichen wir heute mit den ProSieben Newstime fast 18 % der Zuschauer, deutlich mehr als Tagesschau und Heute zusammen." Die Diskussion ging anschließend einige Tage munter hin und her. Bei einem großen Teil der Beiträge wurden aber die Zahlen, die zur Untermauerung der Behauptung eingesetzt wurden, gar nicht hinterfragt.

Das wäre aber nötig gewesen. Die richtigen Zahlen sind auch schnell ermittelt: Seit Beginn des Jahres 2017 wurden die ProSieben Newstime im Mittel von etwa 230.000 jungen Zuschauern eingeschaltet, die Flaggschiffe der Öffentlich-Rechtlichen kamen zusammen aber auf etwa 430.000. Wie kam dann aber ProSiebenSat.1 auf die Behauptung? Das hat der Medienjournalist Stefan Niggemeier nachvollzogen. Der Fehler ergab sich aus dem Ignorieren einer einfachen Regel der Prozentrechnung: Man darf die Basis nicht vergessen! Genauer hat Conrad Albert Marktanteile miteinander verglichen. Und bei denen liegen die

Pro 7-Nachrichten mit gut 17 % wirklich deutlich vor den Konkurrenten von ARD und ZDF. Die Sendungen laufen allerdings zu unterschiedlichen Zeiten, denn auf Pro 7 bekommt man die Hauptnachrichten schon um 18 Uhr zu sehen. Zu dieser Zeit sehen aber insgesamt deutlich weniger Menschen fern als eine bzw. zwei Stunden später. Auch wenn der Marktanteil bei den jungen Zuschauern also höher ist, ist die absolute Zuschauerzahl deutlich geringer. Hier reicht also – wieder einmal – einfaches Mathematikwissen aus, um in den Medien verbreitete Aussagen kritisch hinterfragen zu können.

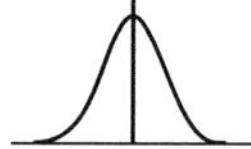

Gefährliche Hausarbeit?

Jonas öffnet leise die Haustür. Seit er mit dem Studium angefangen hat, aber noch zu Hause wohnt, gibt es oft Stress, weil seine Mutter ihm gern Hausarbeit überlassen würde. Und tatsächlich hat er kaum seine Schuhe im Flur abgestellt, als seine Mutter ihn begrüßt und auffordert, er könnte schon einmal den Staubsauger nehmen und im Obergeschoss saugen. Zum Glück hat Jonas heute aber die Zeitung gelesen und meint gute Argumente gegen seine Mutter ins Feld führen zu können: „Wusstest du eigentlich, dass jedes Jahr fast 10.000 Menschen bei häuslichen Unfällen sterben? – Das sind fast dreimal so viele wie im Straßenverkehr. Und ich bin doch total unerfahren und ungeschickt bei der Hausarbeit, das ist doch dann ziemlich gefährlich…"

Tatsächlich konnte man die genannten Zahlen vielen Medien entnehmen. Sie entstammen der Todesursachenstatistik des Statistischen Bundesamtes und wurden durch eine Pressemitteilung der Minijob-Zentrale verbreitet. Bildlich warnte diese vor Staubsaugerkabeln als Stolperfallen oder Gleichgewichtsproblemen beim Regalputzen, welche zu Stürzen führen könnten. Diese seien – so wird zumindest der Eindruck erweckt – die Hauptursache für die tödlichen häuslichen Unfälle. Vor diesem eindrücklichen Hintergrund warb die Minijob-Zentrale für die Anmeldung von Haushaltshilfen zur Absicherung bei Arbeitsunfällen.

So sinnvoll das Ziel auch sein mag, die genannten Zahlen können einen Zusammenhang zwischen Hausarbeit und tödlichen Unfällen nicht unbedingt untermauern. Denn bei der Erfassung der tödlichen Unfälle im häuslichen Umfeld werden tiefer gehende Ursachen gar nicht unterschieden. Auffällig ist allerdings, dass Menschen im typischen Rentenalter ab 65 Jahren mit 90 % die Hauptgruppe der Todesfälle ausmachen. Bei diesen sind Stürze natürlich auch unabhängig von der eigentlichen Hausarbeit durchaus möglich. Ob die Unfälle also beim Putzen oder bei anderen alltäglichen Bewegungen im Haushalt erfolgten, bleibt vollkommen offen.

Und so läuft Jonas Argumentation auch ins Leere, denn seine Mutter hat die Meldung ebenfalls gelesen und ein wenig recherchiert. Sie hält ihm vor, dass die tödliche Gefahr bei jungen Menschen im Straßenverkehr viel größer als bei der Arbeit im Haushalt ist. Jonas sollte also besser heute Abend nicht mehr mit dem Fahrrad zu der geplanten Party aufbrechen, sondern lieber den Staubsauger schwingen und sich dabei in beruhigender Sicherheit wiegen.

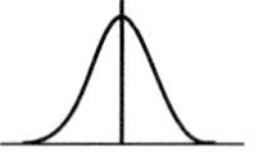

Online-Liebesglück?

Tabea ist verzweifelt. Es geht in großen Schritten auf die dunkle Jahreszeit zu und sie ist, seit der Trennung von Finn, Single. Einen Winter ohne zweisame Spaziergänge und Kuscheln vor dem Kamin mag sie sich gar nicht vorstellen. Ihre Mutter kann das gut verstehen und rät ihr zur Nutzung eines großen Online-Partnerportals: „Probiere das doch mal aus. Sie werben damit, dass sich alle elf Minuten auf ihrer Plattform ein Single verliebt!" Tabea hat diesen Werbespruch auch schon gelesen und schöpft neue Hoffnung. Diese Zahl klingt wirklich überzeugend. Warum sollte sie dann nicht auch flugs zu den glücklich neu Verliebten gehören?!

Allerdings möchte sie sich auch nicht unüberlegt in das Abenteuer Singlebörse stürzen und fängt an, den bekannten Werbespruch kritisch zu hinterfragen: Wenn sich alle elf Minuten ein Single verliebt, entspricht das grob drei neuen Paaren pro Stunde. Am Tag wären dies 72 Paare und auf ein Jahr gerechnet 26.280 glückliche neue Partnerschaften. Nun wird sie dann doch kritisch, denn nach einer kurzen Internetrecherche hat sie herausgefunden, dass schätzungsweise 4,5 Mio. Deutsche das besagte Vermittlungsportal nutzen. Grob gerechnet werden also nur etwa 50.000 Singles (was 25.000 Paaren entspricht) von 4,5 Mio. Suchenden am Ende eines Jahres den Singlestatus beendet haben. Das sind nur gut 1 %!

Der erste Eindruck war doch noch ein ganz anderer. Tabea ist enttäuscht und findet die Werbeaussage der Singlebörse nun doch nicht mehr wirklich überzeugend. Statt sich an den Rechner zu setzen, ein Profil von sich zu erstellen und dies hochzuladen, beschließt sie, ab sofort keine Party mehr auszulassen und darüber bestimmt schneller den Mann fürs Leben zu finden.

Gesundes Fahrradfahren

Wenn wir Ihnen an dieser Stelle eröffnen würden, dass Fahrradfahren gesund ist, würde Sie dies vermutlich wenig erstaunen. Für die EU war die Überprüfung dieser These aber immerhin ein groß angelegtes Projekt wert – genannt PASTA (Physical Activity Trough Sustainable Transport Approaches). Im Rahmen dieses Projektes wurden unter anderem 11.000 Freiwillige in sieben europäischen Städten dazu befragt, welches Verkehrsmittel sie regelmäßig nutzen und wie lange sie täglich unterwegs sind. Es kam heraus, dass regelmäßige Radfahrer – bei Kontrolle von Alter und weiteren Faktoren – im Durchschnitt vier Kilogramm leichter sind als Autofahrer. So weit, so gut und wenig erstaunlich.

Die Schlussfolgerungen im Rahmen des Projektes gehen aber weiter. Die Ergebnisse werden nämlich so dargestellt, dass durch regelmäßiges Fahrradfahren Übergewicht vermieden und somit die Gesundheit gefördert werden kann.

Auch dies mag banal klingen. Ziel der Studie war aber gerade, dies wissenschaftlich zu untermauern. Aber aus statistischer Sicht kann eine derartige Aussage auf Basis der Studienergebnisse nicht getroffen werden. Der Grund liegt im Studiendesign. Denn es wurde eigentlich nur verglichen, wie viel Fahrradfahrer im Vergleich mit Autofahrern wiegen. Der Grund für das geringere Gewicht der Fahrradfahrer wird in deren sportlichen Aktivität gesehen. Aber hier taucht das Henne-Ei-Problem auf: Es könnte nämlich auch sein, dass Personen, die tendenziell schwerer sind, das Fahrradfahren eher als anstrengend empfinden und daher aus Bequemlichkeit vorrangig das Auto als Transportmittel nutzen. Das individuelle Körpergewicht könnte also genauso gut der Grund für die Transportmittelwahl sein und nicht die Transportmittelwahl der Grund für das Körpergewicht.

Aber wie hätte man statistisch herausfinden können, ob Fahrradfahren das Gewicht senkt? Dazu hätte man nach Alter und Körpergewicht vergleichbare Personen zufällig in zwei Gruppen einteilen und die eine Hälfte für eine gewisse Zeit zwingen müssen, ausschließlich das Fahrrad, die andere nur das Auto zu nutzen. Wenn die Personen dann ihr sonstiges Verhalten nicht ändern würden, hätte man einigermaßen sicher am Ende des Testzeitraums schlussfolgern können, wie stark durch regelmäßiges Fahrradfahren das Körpergewicht gesenkt werden kann. Ohne einen derartigen Ansatz steht man einigermaßen ratlos vor den Studienergebnissen und kann sich fragen, worin der tiefere Sinn der teuren Studie liegen mag.

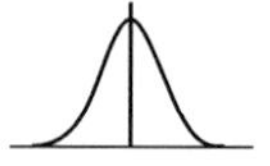

Die Mär vom neuen Baby-Boom

Seit dem Erscheinen der Zahlen 2017 wird in der Öffentlichkeit breit diskutiert, dass 2015 in Deutschland mehr Babys als in den vorigen Jahren geboren wurden. Konkret kamen zuletzt vor 15 Jahren mehr Kinder zur Welt. Dabei lag die sogenannte Geburtenziffer bei 1,47. Dies ist die durchschnittliche Kinderzahl, die eine Frau im Laufe ihres Lebens erwarten kann, wenn die Verhältnisse 2017 von ihrem 15. bis zu ihrem 49. Lebensjahr gelten würden – der höchste Wert seit vielen Jahren. Es stellt sich also die Frage, ob nun eine Wende im viel beschriebenen demografischen Wandel in Deutschland eintritt.

Die Antwort lässt sich vorwegnehmen: Da theoretisch für eine langfristig stabile Bevölkerungsentwicklung je Frau gut 2 Geburten notwendig sind, liegen wir ganz offensichtlich noch weit unter diesem Wert. Eine jüngst erschienene Studie hat sogar festgestellt, dass Deutschland bei der Anzahl der Kinder je Frau weltweit auf dem vorletzten Platz angesiedelt ist. Darüber hinaus lässt sich auch an einer zweiten Kennzahl, dem sogenannten Sterbeüberschuss, ablesen, dass die Bevölkerung in Deutschland tendenziell abnimmt, denn 2015 starben knapp 190.000 mehr Menschen als Babys geboren wurden.

Ohne Einflüsse von außen – also Zuwanderung – wird die Bevölkerungszahl in Deutschland also abnehmen. Aber wie erklärt sich dann die hohe Zahl an Kindern im Jahr 2015 im Vergleich zu den Vorjahren? – Der Hauptgrund dafür liegt schlicht in der absoluten Zunahme der Anzahl der Frauen im Alter von 25 bis 40 Jahren, denn in dieser Gruppe werden die meisten Kinder geboren. Diese

Frauen sind selber Kinder der „Baby-Boomer-Generation" und werden noch etwa bis zum Jahre 2020 dafür sorgen, dass es eine konstant hohe Anzahl an potenziellen Müttern geben wird. Danach allerdings wird die Anzahl der Frauen in diesem Alter drastisch abnehmen. Im Jahr 2030 wird es schätzungsweise 12 % weniger Frauen im Alter von 25 bis 40 Jahren geben, im Jahr 2040 sogar 22 %. Und wird einmal von Zuwanderung abgesehen, dann sind diese Zahlen relativ sicher vorherzusagen, denn die entsprechenden Frauen sind heute schon geboren.

Man kann es also drehen und wenden wie man will: Die hohe Zahl an Geburten 2015, die auf den ersten Blick wie eine demografische Wende erscheint, stellt nur ein kleines Zwischenhoch dar, das die mittelfristige Abnahme und starke Alterung der Bevölkerung in Deutschland nicht abwenden wird.

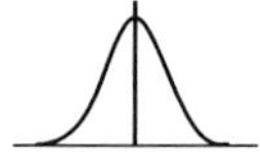

Sind britische Männer Elternzeit-Muffel?

In Großbritannien gibt es seit einigen Jahren auch eine Elternzeit für Väter. Ähnlich wie in Deutschland ist es nun auch dort möglich, dass beide Elternteile mit staatlicher Unterstützung eine Auszeit von ihrem Beruf nehmen, um sich der Kindererziehung zu widmen. In den skandinavischen Ländern ist diese Möglichkeit schon seit vielen

Jahren fest etabliert. Und auch bei uns machen auch Väter inzwischen viel Gebrauch davon.

So ist es auf den ersten Blick eher erstaunlich, dass das Konzept in Großbritannien nach den ersten Erfahrungen fast als gescheitert angesehen wird. In der Presse wurde zumeist ein verheerendes Fazit gezogen. Grundlage dafür war eine Studie, die beschreibt, dass tatsächlich erst 1 % der britischen Männer Gebrauch von der neuen Regelung gemacht haben. In vielen Kommentaren wurden die möglichen Gründe für diese extrem niedrige Zahl diskutiert. Angeführt wurden etwa finanzielle Fehlanreize bei der staatlichen Unterstützung, schlechte Informationspolitik über die neuen Möglichkeiten, ein traditionelles Rollenverständnis der Väter und Unwilligkeit der Frauen, einen Teil der Erziehungszeit an ihre Partner abzugeben.

Die Zahl von nur „1 %" scheint wirklich extrem niedrig zu sein. Aber wie immer beim Umgang mit Prozentzahlen muss man sich die Frage stellen: „1 % wovon?" Und das ist eine Information, die in der Diskussion stets unterschlagen wurde. Die zugrunde liegende Studie berichtet nämlich, dass etwa 1 % aller erwerbstätigen Männer im vergangenen Jahr Elternzeit genommen haben. Das wurde durch eine Umfrage unter Personalabteilungen von Firmen ermittelt. Sie können ja einmal selbst diese Umfrage nachspielen. Denken Sie einmal an die erwerbstätigen Männer in Ihrer Umgebung. Aus welchem Grund haben die meisten von diesen im vergangenen Jahr keine Elternzeit genommen?

Zumindest bei unserer Stichprobe gab die überwältigende Mehrheit an, dass im vergangenen Jahr einfach kein Kind geboren wurde. Und das dürfte auch die wesentliche Erklärung für die britischen Zahlen sein. Es wurde nämlich bei der Befragung außer Acht gelassen, ob überhaupt ein Anspruch auf Elternzeit bestand oder nicht. Dies fiel nach einiger Zeit der Diskussion wohl zuerst einem Reporter der BBC auf, der daraufhin schätzte, dass maximal 5 % der männlichen Arbeitnehmer überhaupt hätten Elternzeit nehmen können, vermutlich sogar noch weniger. Insgesamt hat also mindestens jeder fünfte berechtigte Vater von der Elternzeit auch Gebrauch gemacht. Das setzt die Zahl der Studie natürlich in ein ganz anderes Licht.

Krank vor Weihnachten

Direkt zu Weihnachten krank zu werden, ist natürlich ein großes Ärgernis. Und jetzt decken wir in diesem Buch auf, dass dieses Schicksal weit mehr Menschen ereilt, als man gemeinhin denken würde. Dazu haben wir eine Befragung unter Hausärzten durchgeführt und herausbekommen, dass fast die gesamte Bevölkerung krank ist. Die von uns befragten Ärzte haben nämlich geantwortet, dass rund 90 % der Patienten, die vor Weihnachten in die Praxen kamen, gesundheitliche Probleme hatten. Demnach werden 9 von 10 Deutschen krank unter dem Weihnachtsbaum sitzen. – Keine Sorge, diese Folgerung ist natürlich unsinnig. Kein Mensch käme auf die Idee, den Krankenstand der Bevölkerung am Anteil der kranken Arztbesucher zu messen.

Vergleichbares ist aber bei zwei Beispielen aus dem Finanzbereich geschehen. Genauer behaupteten die Verbraucherzentralen der Länder, dass häufig unpassende Finanzanlageprodukte durch Banken und Finanzvertriebe unterbreitet würden, da 95 % der angebotenen Anlagevorschläge nicht zum Bedarf der Verbraucher passten. Und eine zweite Meldung bezog sich auf Inkassoforderungen, zu denen die Verbraucherschützer feststellten, dass jede zweite Inkassoforderung unberechtigt sei. Beides sind in der Tat besorgniserregend hohe Zahlen. Aber wie kamen sie zustande? Für die Inkassostudie wurden von Mai bis August von den Verbraucherzentralen 1413 Inkassofälle erfasst und ausgewertet, wobei von diesen jeder zweite Fall zu beanstanden war. Es handelt sich dabei aber nicht etwa um zufällig ausgewählte Fälle. Stattdessen wurden ausschließlich Fälle von Verbrauchern ausgewertet, die sich mit Fragen oder Beschwerden an die Verbraucherzentralen wandten. Und dabei kam heraus, dass von den Inkassoforderungen jede zweite unberechtigt war. Da sich erfahrungsgemäß in erster Linie diejenigen beschweren, die etwas zu beanstanden haben, kann man natürlich nicht schließen, dass tatsächlich jede zweite Inkassoforderung unberechtigt ist. Die wirkliche Zahl dürfte glücklicherweise weitaus niedriger liegen. Gleiches gilt für die Finanzprodukte. Auch hier wurden nur Fälle von Verbrauchern ausgewertet, die sich an die Verbraucherzentralen gewandt hatten.

Sie können also optimistisch sein, dass Sie nicht in den nächsten Wochen von unberechtigten Inkassoforderungen überflutet oder von Bankern pauschal unpassende Produkte angeboten bekommen werden.

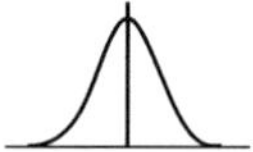

Fake-Statistics?

Der Amtsantritt des US-Präsidenten Donald Trump verlief alles andere als reibungslos. Viel wurde in diesem Zusammenhang über „Fake-News" und „alternative Fakten" geschrieben und diskutiert. Besonders kontrovers wurde dabei die Auseinandersetzung über den Einreisestopp für Menschen aus sieben mehrheitlich muslimischen Staaten geführt. Ein Berufungsgericht in San Francisco entschied, dass dieser außer Kraft blieb, was später zu einer wesentlichen Überarbeitung führte. Der US-Präsident hat diese Entscheidung als „bad decision" kritisiert und das Gericht scharf angegriffen.

Und natürlich wurde die Diskussion über die Deutungshoheit auch mittels Statistiken geführt. In einer Pressekonferenz bezeichnete Donald Trump das Gericht als chaotisch und wies darauf hin, dass in der Vergangenheit 80 % der Entscheidungen dieses Gerichts später gekippt wurden. Dies sei die höchste Rate aller dreizehn Bundes-Berufungsgerichte. Die Zahl von 80 % wurde wohl zuerst vom Sender Fox-News in den Raum gestellt und stammt von einer seriösen Webseite, die sich mit den Entscheidungen des Supreme Court – des Obersten Gerichtshofs der Vereinigten Staaten und damit des Gerichts, das strittige Fälle der Bundes-Berufungsgerichte in letzter Instanz verhandelt – befasst. 80 % klingt wirklich beeindruckend viel und lässt auf den ersten Blick tatsächlich vermuten, dass auch die Entscheidung bezüglich des Einreisestopps in der höheren Instanz keinen Bestand haben wurde.

Die Einordnung fällt aber vermutlich deutlich anders aus, wenn man mit einbezieht, um wie viele Fälle es sich handelt. In der letzten dokumentierten Periode – zwischen April 2014 und März 2015 – wurden etwa 12.000 Fälle vor dem beteiligten Bundes-Berufungsgericht verhandelt. Von diesen landeten dann aber schließlich lediglich elf Fälle vor dem Supreme Court, von denen acht beanstandet wurden. Acht Elftel sind zwar nicht weit von 80 % entfernt, es handelt sich hier aber lediglich um die wenigen Fälle, die tatsächlich weiterverwiesen wurden. Die allermeisten Entscheidungen des Gerichts – mehr als 99,9 % – wurden also nicht vom Supreme Court gekippt.

Ehrgeiz

Stellen Sie sich folgende Situation vor: Es steht die Entscheidung im Hundertmeterlauf bei den Junioren-Landesmeisterschaften an. Alle Zuschauer sind gespannt, denn seit Jahren liefern sich zwei Jungen, Lukas und Tim, ein Kopf-an-Kopf-Rennen um die schnellste Zeit. Beide trainieren hart und leben voll für Ihren Sport. Der familiäre Hintergrund der beiden ist unterschiedlich: Lukas Eltern waren selbst erfolgreiche Leichtathleten, Tims

Eltern hatten in Ihrer Jugend andere Interessen. Lukas hatte also vielleicht leichteren Zugang zu seiner Sportart. Aber würden Sie deshalb automatisch Tim als den Ehrgeizigeren bezeichnen? – Wohl kaum.

Vergleichbar ist es aber in einer Meldung geschehen, die Ende 2015 durch die Medien ging. Konkret ging es um eine Ausbildungsstudie, die ein großer Systemgastronom initiiert hatte. Dabei wurden Jugendliche unter anderem danach gefragt, wie aufstiegswillig sie seien. Dabei gaben 60 % der Kinder von Einwanderern an, dass es ihnen sehr wichtig oder wichtig ist, im Leben sozial aufzusteigen, also mehr zu erreichen als die eigenen Eltern. Unter allen Jugendlichen gaben diese Antwort nur 46 %. Viele Medien deuteten dieses Ergebnis dahin gehend, dass Kinder von Einwanderern ehrgeiziger seien als Kinder von Deutschen.

Auf den ersten Blick mag diese Interpretation einleuchten. Allerdings ist dabei zu beachten, dass die Ausbildung von Migranten im typischen Elternalter ein niedrigeres Niveau aufweist als das der Nicht-Migranten. So haben Einwanderer z. B. seltener ein Abitur.

Wenn Einwandererkinder häufiger angeben, dass sie das Ziel verfolgen, im Leben im Vergleich mit ihren Eltern sozial aufzusteigen, könnte dieses also gerade auch mit dem niedrigeren Ausbildungsstand der Eltern zusammenhängen. Die Interpretation müsste dann also lauten, dass Kinder von Einwanderern genau wie von Deutschen anstreben, insgesamt ein hohes Ausbildungsniveau zu erreichen. Und das ist natürlich uneingeschränkt als positiv zu bewerten. Dass Kinder von Nicht-Einwanderern aber weniger ehrgeizig sind, kann dann nicht aus der Studie abgeleitet werden. Und sowohl Lukas als auch Tim, die in unserem fiktiven

Beispiel um den Landesmeistertitel im Sprint kämpfen, sind wohl als ehrgeizig zu bezeichnen, unabhängig von den Leistungen der Eltern in der Leichtathletik.

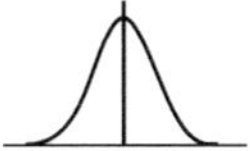

Tacho-Manipulation

Vor einiger Zeit schreckte eine Studie des TÜV Rheinland zu Tachomanipulationen bei Gebrauchtwagen viele Autofahrer auf. Bei dieser schätzte eine Mehrheit der 1600 Befragten, dass bei etwa einem Drittel der Gebrauchtwagen in Deutschland vor dem Verkauf der Kilometerstand kriminell nach unten korrigiert wird.

Das ist in der Tat eine erschreckend hohe Zahl, allerdings konnte der TÜV Rheinland in seiner Pressemitteilung auch gleich eine Lösung anbieten. Eine neue Dienstleistung soll der Tachomanipulation vorbeugen, indem über die Historie des Fahrzeugs kontinuierlich durch verschiedene Stellen die Kilometerstände erfasst und dokumentiert werden.

An der Meldung des TÜV Rheinland ist erst einmal nichts auszusetzen. Allerdings erstaunt doch, dass zur Einschätzung des Anteils manipulierter Gebrauchtwagen Privatpersonen befragt wurden. Woher sollen diese den Manipulationsanteil kompetent einschätzen? Die eigenen Erfahrungen beim Gebrauchtwagenkauf können dazu kaum Anhaltspunkte liefern, denn zum einen wird die Tachomanipulation ja in der Regel nicht erkannt und zum anderen kaufen Privatpersonen nicht ständig Gebrauchtwagen.

Die Antwort dürfte einfach sein. Seit 2005 kursieren nämlich wiederkehrend grobe Schätzungen in den Medien, wonach tatsächlich ein Drittel der Gebrauchtwagen eine Tachomanipulation erfahren hat. Diese Größenordnung wurde vor allem durch die Arbeit der „Ermittlungsgruppe Tacho" der Münchener Polizei bestätigt, die 2011 bis 2013 zahlreiche Razzien und technische Überprüfungen bei Gebrauchtwagen vorgenommen hatte.

Unabhängig davon, wie gut diese Schätzung wirklich ist, dürfte die seit Jahren wiederkehrende Verbreitung dieser Zahl dazu geführt haben, dass sie sich bei der Bevölkerung eingeprägt hat. Denn wie sonst sollten die Befragten des TÜV Rheinland zu dieser Einschätzung gekommen sein? Dann allerdings stellt sich die Frage, warum der TÜV Rheinland überhaupt noch die Befragung durchgeführt hat. Dafür dürfte es zwei Gründe geben: Zum einen kann an der Befragung abgelesen werden, ob die erschreckend hohe Zahl an Tachomanipulationen bei Gebrauchtwagen überhaupt bekannt ist. Und dieses ist natürlich wichtig, wenn ein neues Produkt angeboten werden soll, das vor der Manipulation schützt. Und zum anderen stellte die Befragung einen Anlass dar, um kostenlos Aufmerksamkeit in der Presse zu erhalten. Eine für die Mediennutzer eigentlich sinnlose Statistik hat dann also den Zweck des TÜV Rheinland vollends erfüllt.

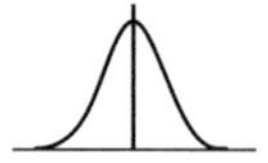

Wirklich relevant?

Rainer und Inge sitzen wie jeden Abend vor der Tagesschau. Es wird über die Situation in Ost- und Westdeutschland 25 Jahre nach der Wiedervereinigung berichtet. Die Durchschnittseinkommen im Osten liegen heute bei 76 % des Westniveaus. So verdient eine Vollzeitkraft in Hamburg, dem Bundesland mit dem höchsten Einkommen, 3500 € brutto im Monat. Im Bundesland mit dem geringsten Einkommen, Mecklenburg-Vorpommern, verdient eine Vollzeitkraft hingegen nur 2700 € brutto.

Rainer ist elektrisiert: „Die müssen sich verrechnet haben! So kann das nicht stimmen!" Inge, die eigentlich den folgenden Beitrag sehen möchte, seufzt: „Ach, Rainer, das kann doch gar nicht sein. Das waren Daten des Statistischen Bundesamtes, und die Tagesschau wird sich schon nicht irren." Aber Rainer lässt keine Ruhe: „Schau mal, wenn im Osten 76 % des Westniveaus gezahlt wird, dann kann es nicht sein, dass in Hamburg mit den höchsten Einkommen 3500 € bezahlt werden, im Mecklenburg-Vorpommern mit den niedrigsten Einkommen aber 2700 €. Denn dann läge der Verdienst in Mecklenburg-Vorpommern ja bei 77 % des Niveaus in Hamburg!" Triumphierend fährt er fort: „Naja, das ist doch klar. In den anderen östlichen Bundesländern liegt das Einkommen dann über 2700 € und in den anderen westlichen Bundesländern unter 3500 €. Das Einkommensniveau im Osten kann dann nicht bei 76 % des Westniveaus liegen!" Nun rechnet auch Inge nach und stimmt ihm zu.

Und in der Tat kann diese Meldung, wie die Tagesschau sie am 29. September 2016 ausgestrahlt hat, so nicht stimmen. Aber wie ist das möglich? – Des Rätsels Lösung liegt darin, dass die Tagesschau schlicht einen falschen Wert für Hamburg berichtet hat. Tatsächlich liegt das Einkommen einer Vollzeitkraft in Hamburg dem Statistischen Bundesamt nach bei knapp 4000 €. Solche Fehler passieren natürlich im schnelllebigen Redaktionsalltag. Es stellt sich aber die Frage, warum ein solcher Fehler gerade an dieser Stelle bei den Kontrollen nicht auffiel.

Vermutlich ist die Erklärung einfach und steht stellvertretend für viele derartige Fälle: Zahlen, wie sie häufig in Nachrichtensendungen genannt werden, werden kaum wirklich auf- und wahrgenommen. Auch den meisten Zuschauern – abgesehen vom zahlenaffinen Rainer – dürfte kaum aufgefallen sein, dass die Werte nicht stimmen konnten. Dann muss aber gefragt werden, warum solche Details überhaupt in den Nachrichtenmeldungen genannt werden. Vielleicht gilt auch in den Nachrichten, dass ein sparsamerer Umgang mit Zahlen eigentlich sinnvoller wäre.

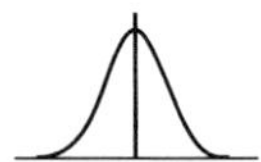

30,8 % wovon?

Wussten Sie, dass die Internetnutzung heute vermehrt zu massivem Haarausfall bei Männern führt? Auf diesen Gedanken könnte man zumindest kommen, wenn man weiß, dass der Anteil der Internetnutzer mit lichten Haaren von 2005 bis 2014 massiv gestiegen ist.

Wenn Sie nun über unser (zugegebenermaßen ausgedachtes) Beispiel schmunzeln, weil seit dem Jahre 2005 der Anteil der Männer im fortgeschrittenen Alter unter den regelmäßigen Internetnutzern stark zugenommen haben dürfte, können Sie vermutlich nachvollziehen, dass bei derartigen Meldungen immer Vorsicht geboten sein sollte. Denn wenn sich die Zusammensetzung einer Gruppe im Zeitverlauf deutlich ändert, werden sonst leicht Äpfel mit Birnen verglichen.

Das passiert aber in der Praxis an vielen Stellen. So konnte man den Medien entnehmen, dass die Armutsgefährdungsquote innerhalb der Gruppe der Geringqualifizierten in Deutschland von 23,1 % im Jahr 2005 auf 30,8 % im Jahr 2014 gestiegen ist. Zumeist konnte man der medialen Berichterstattung lediglich entnehmen, dass dies die zunehmend geringeren Chancen von Geringqualifizierten in der heutigen Gesellschaft widerspiegelt. An sich ist das dem Wortlaut nach auch richtig. Allerdings wird dabei nicht berücksichtigt, dass der Anteil der Geringqualifizierten an der Bevölkerung ab 25 Jahren im gleichen Zeitraum von 16,9 % im Jahr 2005 auf 13,1 % im Jahr 2014 gesunken ist. Auf den ersten Blick mag dieser Rückgang nicht allzu gravierend erscheinen. Allerdings entspricht dieser Rückgang gut 22 %. Es gibt also heute deutlich weniger Geringqualifizierte in Deutschland, was ja erst einmal eine gute Meldung ist.

Berücksichtigt man diesen Rückgang, so stellt man fest, dass 2005 wie auch 2014 der Anteil der Geringqualifizierten mit Armutsgefährdung an der Gesamtbevölkerung grob bei konstant 4 % lag. Dabei hat sich aber die Zusammensetzung der Gruppe der Geringqualifizierten innerhalb der letzten zehn Jahre deutlich geändert.

Der Anstieg des Anteils der armutsgefährdeten Personen unter den Geringqualifizierten dürfte also zu einem erheblichen Teil darauf zurückzuführen sein, dass es heute weniger Geringqualifizierte gibt. Die Verbliebenen haben aber nach wie vor extrem schlechte Chancen auf dem Arbeitsmarkt und sind somit einer höheren Armutsgefährdung ausgesetzt.

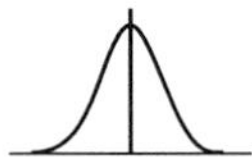

Mehrwertsteuer in Griechenland

Im Sommer 2015 wurden in Griechenland für viele Produkte und Lebensmittel höhere Mehrwertsteuersätze in Höhe von 6, 13 und 23 % eingeführt. So müssen für verpackte und verarbeitete Lebensmittel und für Getränke und Mahlzeiten in Cafés und Restaurants seitdem 23 % statt vorher 13 % Mehrwertsteuer entrichtet werden.

In den Medien kursieren seitdem Berichte über die konkreten Auswirkungen der Mehrwertsteuererhöhung. So lässt sich z. B. von gestiegenen Butterpreisen von 1,50 € auf 1,90 € und von um 20 ct teureren Schokoriegeln lesen. Außerdem wird berichtet, dass der Handel die Preissteigerungen durch die Mehrwertsteuererhöhung insgesamt auf rund 20 % schätzt. Aber können die genannten Preissteigerungen tatsächlich allein auf die Mehrwertsteuererhöhung zurückgeführt werden?

Dies lässt sich leicht selbst nachprüfen: Eine Mehrwertsteuererhöhung von 13 auf 23 % bedeutet konkret, dass

Lebensmittel um knapp 9 % teurer werden sollten, sofern die höhere Steuerlast einzig den Verbrauchern aufgebürdet wird. Denn die Waren kosten nun 123 % des Nettopreises gegenüber 113 % vorher, welches einer Steigerung der Verkaufspreise um 8,8 % entspricht. Wenn die Butter bisher also 1,50 € gekostet hat, sollte sie nach der Umstellung auf die neue Mehrwertsteuer 1,63 € und mitnichten 1,90 € kosten. Das Beispiel zeigt, dass der größte Teil der Preissteigerung von 40 ct bei der Butter nicht durch die höhere Mehrwertsteuer erklärt werden kann. Der die Preissteigerung umsetzende Handel hat den Butterpreis also still und heimlich zusätzlich um 27 ct angehoben. Und auch die berichtete Preiserhöhung von 20 ct beim Schokoriegel ist eigentlich nur bei einem Riesenriegel denkbar. Dieser hätte vorher nämlich 2,26 € gekostet haben müssen – das wäre doch arg teuer gewesen. Und Preissteigerungen im griechischen Handel von insgesamt rund 20 % aufgrund der Mehrwertsteuererhöhungen hätten eine Steigerung der Mehrwertsteuer auf weit über 30 % vorausgesetzt.

Die Beispielrechnungen zeigen, dass die Berichte in den Medien entweder deutlich übertrieben sind oder der griechische Handel die Mehrwertsteuererhöhung als willkommenen Anlass genommen hat, um die Preise zusätzlich zu erhöhen. Insofern bleibt für die gebeutelten griechischen Verbraucher die Hoffnung, dass sich die Preise im Wettbewerb des Handels nicht auf Dauer auf die genannten Größenordnungen erhöhen werden.

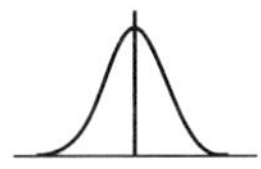

Aus dem Bauch heraus

Meldungen wie folgende kennen wir alle: „Neuer Besucherrekord auf der Kieler Woche: Nach Angaben der Stadt feierten in den vergangenen zehn Tagen knapp 3,8 Mio. Gäste friedlich in der ganzen Stadt.", „Oktoberfest: Die Gäste ließen sich auch in diesem Jahr nicht von Regen und Kälte von einem Wiesn-Bummel abhalten. Nach Schätzung der Festleitung kamen 6,3 Mio. Gäste auf die Theresienwiese.", „Hamburger Hafengeburtstag: Etwa 1 Mio. Besucher kamen an die Landungsbrücken." Aber haben Sie sich schon einmal Gedanken darüber gemacht, wie solche Zahlen geschätzt werden? Schließlich ist es ja schwer möglich, jeden Besucher einzeln zu zählen.

Wenn es sich um eine Veranstaltung handelt, die nur zu einem Zeitpunkt stattfindet und bei der die Besucher vorwiegend stehen, etwa bei einer Demonstration, ist die Sache noch relativ einfach. Man kann dann die Gesamtfläche abschätzen und diese in Planquadrate einteilen. Für einzelne Planquadrate zählt man dann die Besucher z. B. aus der Luft konkret aus und rechnet die Besucherzahl hoch. Dieses Verfahren wird auch bei Vogelzählungen angewandt, wenn die Tiere im Schwarm fliegen. Wenn man allerdings keine Luftbilder zur Verfügung hat, muss man schlicht eine Annahme darüber treffen, wie viele Menschen pro Planquadrat stehen. Die Hochrechnung wird dann natürlich schon ungenauer.

Wenn sich die Veranstaltung allerdings über einen längeren Zeitraum hinzieht, wird es deutlich komplizierter und vermutlich auch fehleranfälliger. Denn man muss nun auch noch abschätzen, wie lange die Besucher im Durchschnitt bei der Veranstaltung bleiben. Nehmen wir als Beispiel die Kieler Woche: Wenn man an einem Tag mittags die Besucher abschätzt und dann noch einmal nachmittags und abends, lassen sich die ermittelten Zahlen nicht einfach zusammenzählen, denn viele Besucher werden doppelt gezählt worden sein.

Fragt man bei der Polizei nach, die häufig Angaben zu den Besucherzahlen von Großveranstaltungen bekannt gibt, dann erfährt man, dass die Angaben meistens ohne komplizierte Verfahren schlicht auf Basis von Erfahrungen und eher „aus dem Bauch heraus" geschätzt werden. Ob es sich beim Oktoberfest tatsächlich um das größte Volksfest der Welt handelt, lässt sich also gar nicht ganz sicher sagen. Wer weiß also schon genau, ob nicht vielleicht das größte Volksfest der Welt in Wahrheit in Kiel stattfindet.

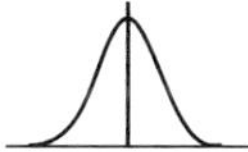

Wenn das Wörtchen ‚wenn'…

Wussten Sie, dass Lottospieler im letzten Jahr im Durchschnitt knapp 10 Mio. € gewonnen haben? – Falls Sie uns dies so nicht glauben wollen, liegen Sie vollkommen richtig, denn wir haben (getreu dem Motto: „Wenn das Wörtchen ‚wenn' nicht wäre…") Ihnen jeweils einfach eine entscheidende Information vorenthalten. Die Aussage bezieht sich nämlich lediglich auf die Lottospieler, die sechs Richtige mit Zusatzzahl getippt haben. Nur in dieser Gruppe lag der Gewinn im Durchschnitt bei knapp 10 Mio. €.

Nun können Sie einwenden, dass die Aussage ohne die Nennung der jeweiligen Bedingungen ziemlich sinnlos ist und so nicht getätigt werden sollten. Dem stimmen wir uneingeschränkt zu. In der Werbung hingegen scheint man dies weniger streng zu sehen. So konnten Sie einen Werbespot im Radio hören, in dem ein Autoglasspezialist vermeldet: „Wussten Sie, dass etwa 80 % aller Steinschläge in der Frontscheibe kurzfristig reißen?" Wer würde da nicht schnellstmöglich in die Werkstatt fahren, um einen aufgetretenen Steinschlag reparieren zu lassen, damit die Scheibe nicht reißt? Allerdings mag vielleicht vielen von Ihnen einfallen, dass auch in der Frontscheibe ihres Autos kleinere Steinschläge sind, von denen noch keiner gerissen ist. Wie kommt der werbende Autoglasspezialist also zu der Aussage, 80 % der Steinschläge würden kurzfristig reißen? – Die Antwort ist einfach. Auf unsere Nachfrage hin teilte das Unternehmen mit, die Aussage beziehe sich auf eine Umfrage unter Autofahrern in Großbritannien. Genauer hat man aber nur Autofahrer gefragt, bei denen ein Steinschlag gerissen war. Von denen haben 80 % angegeben, dass die Scheibe schon kurz nach dem Steinschlag gerissen ist, bei den anderen 20 % passierte das erst später. In keiner Weise kann man daraus natürlich ableiten, dass 80 % aller Steinschläge kurzfristig reißen würden. Die Aussage wird in der Werbung also vollkommen verfälscht dargestellt, indem die Bedingung, worauf sie sich bezieht, schlicht weggelassen wird.

„42"

Die Antwort auf die Frage „nach dem Leben, dem Universum und dem ganzen Rest" lautet „42". Dieser viel zitierte Satz stammt aus der Kultbuchreihe „Per Anhalter durch die Galaxis" von Douglas Adams. Die Antwort gibt dort ein Supercomputer, der an dieser Frage aller Fragen 7,5 Mio. Jahre gerechnet hat. In der Geschichte bleiben die Protagonisten nach der Antwort allerdings ratlos zurück, da die Frage natürlich viel zu ungenau gestellt ist. Und so wird in Anspielung auf die Romane auch heute häufig noch spaßhalber die Antwort „42" genannt, wenn Fragen nicht klar formuliert sind.

Man mag über die blödsinnige Antwort „42" auf die allzu vage Frage schmunzeln. Dabei gab es aber einen ähnlich gelagerten ganz konkreten politischen Fall, der in der Presse starke Resonanz gefunden hat. Das Verteidigungsministerium hatte 2015 ein Expertengutachten zur Treffsicherheit des Sturmgewehrs G36 in Auftrag gegeben, da der Verdacht aufgekommen war, das Sturmgewehr sei bei hohen Temperaturen und längeren Belastungen nicht zielsicher. Das Gutachten selber unterlag dabei der Geheimhaltung. Allerdings wurde durch die Deutsche Presse-Agentur verbreitet, dass die Trefferquote des Sturmgewehrs bei einer Temperaturänderung von 15 auf 45 Grad durchschnittlich auf 7 % sinke. Einzelne Medien kommentierten diese Ergebnisse mit den Worten, es sei vermutlich besser, mit dem Sturmgewehr auf Gegner zu werfen, anstatt zu schießen.

Auf den ersten Blick sind diese Reaktionen nachvollziehbar. Wenn man sich allerdings klarmacht, dass der

Hintergrund der Trefferquote der Öffentlichkeit nicht bekannt ist und das Verteidigungsministerium die Definition der Trefferquote aus Gründen der militärischen Geheimhaltung nicht bekannt gab, mag einen dieses an die Antwort „42" erinnern. Denn es ist ja gar nicht klar, wonach gefragt wurde. Aus welcher Entfernung wurde im Test geschossen? Wie groß war das Ziel? Wie nah waren die Testbedingungen am konkreten Einsatzfall? Ohne konkrete Definition ist die genannte Trefferquote eher nutzlos, denn ob sie überhaupt relevant ist, kann so kaum bewertet werden.

Als ehemalige Wehrdienstverweigerer möchten wir mit diesen Überlegungen nicht Position für den Hersteller ergreifen. Es wäre jedoch zur Nachvollziehbarkeit von politischen Entscheidungen in den Medien wichtig, die Fragen zu den Antworten zu kennen.

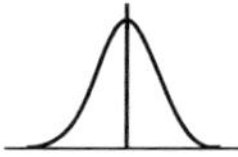

Steuer-Effekt

Maria und Paul haben sich im Studium kennen und lieben gelernt. Beide haben Betriebswirtschaftslehre studiert, haben vor ein paar Jahren ihren Bachelor-Abschluss gemacht, danach geheiratet und arbeiten nun auf ähnlichen Positionen in dem gleichen Betrieb.

Kürzlich haben sie auf einem großen Nachrichtenportal einen Artikel darüber gelesen, in welchen Berufen Frauen schlechter als Männer verdienen und wie groß der Unterschied wirklich ist. Für ihren Abschluss weist der Artikel einen Unterschied von 40 % zwischen den Nettostundenlöhnen von Männern und Frauen aus. Es wird auch eine exemplarische inhaltliche Erklärung geliefert, wonach beide Geschlechter zwar den gleichen Abschluss machen, Frauen aber langsamer ins mittlere Management aufsteigen. Das alles klingt überzeugend und die verwendete Datenbasis entstammt einer seriösen wissenschaftlichen Studie. Insofern mag man an den Ergebnissen kaum zweifeln.

„Wie gut, dass das in unserem Betrieb anders ist", sagt Paul zu Maria. „Schließlich arbeiten wir beide in der gleichen Gehaltsstufe. Du arbeitest zwar ein paar Stunden weniger als ich, aber unsere Stundenlöhne sind gleich hoch." Maria denkt ein wenig nach, wendet dann aber ein: „Auf den ersten Blick hast du recht, unsere Bruttolöhne pro Stunde sind gleich, aber unsere Nettolöhne liegen doch ganz schön weit auseinander. Wir haben schließlich für dich die günstige Steuerklasse III gewählt und für mich Steuerklasse V, weil ich weniger Stunden arbeite. Das führt bei uns bei gleichen Bruttolöhnen zu etwa 30 % Unterschied im Nettolohn."

Darauf ist Paul beim ersten Lesen gar nicht gekommen, aber Maria hat natürlich recht. Das Ehegattensplitting führt bei sehr vielen Paaren dazu, dass der Nettostundenlohn der Frau weit niedriger ist als der des Mannes, auch wenn die Bruttolöhne nicht weit auseinanderliegen. Damit sind die riesigen Unterschiede im Artikel des Nachrichtenportals wohl auch eher ein steuerliches statistisches Artefakt und haben wenig mit tatsächlichen Gehaltsunterschieden zwischen Frauen und Männern zu tun.

Wurden aber auch in der zugrunde liegenden wissenschaftlichen Studie die Daten falsch interpretiert? – Nein, denn in diesem ging es eigentlich um die Berechnung von Renditen von Bildungsinvestitionen, bei der der Steuerklasseneffekt keine direkte Rolle spielt. Das Nachrichtenportal hat die Daten aber aus dem Zusammenhang gerissen und für eine inhaltliche Fragestellung verwendet, für die sie erkennbar nicht geeignet sind.

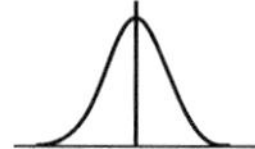

Erfolg künstlicher Befruchtung

Vor einiger Zeit hatte eine Radiosendung die Vor- und Nachteile der Reproduktionsmedizin zum Inhalt. Im Rahmen der Sendung erläuterte eine Medizinerin, dass die Erfolgswahrscheinlichkeit bei der Intrazytoplasmatischen Spermieninjektions-Methode – dem häufigsten Verfahren einer künstlichen Befruchtung – bei 30 % liege. Sie führte weiter aus, dass bei dreimaliger Wiederholung die Erfolgswahrscheinlichkeit schon bei 90 % liegen würde.

Diese auf den ersten Blick bestechend einfache Rechnung (3 mal 30 % ergibt 90 %) ergibt hier für die Wahrscheinlichkeiten keinen Sinn. Zuerst muss man einwenden, dass hier sicherlich Abhängigkeiten zu beachten sind: Waren etwa schon zwei Befruchtungsversuche erfolglos, kann dies auf ein generelles Problem hindeuten, und man darf dann beim dritten Mal nicht mehr ganz so optimistisch sein. Aber selbst wenn man das außer Acht lässt, ist die Sache nicht so einfach, wie man sich mit folgender Überlegung klarmachen kann: Wenn sich eine Frau viermal dem Verfahren der künstlichen Befruchtung unterziehen würde, läge die Erfolgswahrscheinlichkeit nach der obigen Rechenmethode bei 120 %, d. h. jede Frau würde sicher erfolgreich schwanger werden. Das ist aber bekanntlich nicht so und Wahrscheinlichkeiten über 100 % gibt es ohnehin nicht. Stattdessen liegt die Erfolgswahrscheinlichkeit bei drei Versuchen lediglich bei 65,7 % und bei vier Versuchen bei 76 %. Um mindestens 90 % Erfolgswahrscheinlichkeit zu erreichen, sind sieben Versuche nötig. Aber wie kommt man darauf? – Am einfachsten kann man sich dieses anhand der Gegenwahrscheinlichkeit verdeutlichen. Die Wahrscheinlichkeit dafür, dass bei drei Versuchen keiner gelingt (70 % jedes Mal für Fehlversuch), errechnet sich als $0{,}7 \times 0{,}7 \times 0{,}7 = 0{,}343$, also 34,3 %. Damit beträgt die Wahrscheinlichkeit dafur, dass mindestens ein Versuch gelingt, $100\,\% - 34{,}3\,\% = 65{,}7\,\%$. Bei vier Versuchen beträgt die Wahrscheinlichkeit dafür, dass kein Versuch gelingt, also $0{,}7 \times 0{,}7 \times 0{,}7 \times 0{,}7 = 0{,}2401$, und somit die Erfolgswahrscheinlichkeit etwa 76 %. Aber ganz sicher lässt sich das Wunder des Lebens sowieso nicht hinreichend mit kühlen Prozentzahlen der statistischen Überlegungen beschreiben.

Das Grab Jesu?

Vor knapp 10 Jahren hat der bekannte Regisseur James Cameron für Aufsehen gesorgt, weil er behauptete, er habe das Grab von Jesus Christus gefunden. Er war auf ein Grab gestoßen, auf dem die Inschrift zu lesen war: „Jesus, Sohn von Joseph." Ferner fand man auch den Namen „Maria", daneben einige weitere wie „Mariamenou" und „Yoseh". In der Tat erscheint dies erstaunlich, auch wenn zur damaligen Zeit die Anzahl der insgesamt verwendeten Namen bei Weitem geringer als heute war.

Um zu überprüfen, ob es sich bei dem gefundenen Grab tatsächlich um das Grab Jesu handelt, wurde der Statistiker Prof. Andrey Feuerverger von der University of Toronto einbezogen. Prof. Feuerverger stellte darauf eine aufwendige Rechnung vor, die zu dem Ergebnis führte, dass die Wahrscheinlichkeit 600:1 ist, dass es sich tatsächlich um Jesu Grab handelt. Diese Rechnung wurde später nach eingehender Prüfung in der renommierten Fachzeitschrift „Annals of Applied Statistics" veröffentlicht.

Aber woher soll ein Statistiker solche Wahrscheinlichkeiten kennen? Schließlich handelt es sich ja um eine Frage für Geschichtswissenschaftler oder Bibelforscher. Und tatsächlich behauptet Prof. Feuerverger auch nicht, ein Experte für 2000 Jahre alte Gräber zu sein. Seine Berechnungen stützte er stattdessen auf verschiedene Annahmen, die er mit dem Filmteam abstimmte. So ging er davon aus, dass „Mariamenou", die damals gängige Bezeichnung von Maria Magdalena war, einer Begleiterin Jesu. Ferner wurde unterstellt, dass Yoseh die gebräuchliche Form für Joses ‚Jesus' Bruder, war. Daraus folgerte Feuerverger dann völlig korrekt, dass Cameron mit größter Wahrscheinlichkeit das Grab Jesu gefunden habe.

Ob diese Annahmen aber korrekt sind, muss von Historikern entschieden werden und ist sehr umstritten. So wurden in der gleichen Ausgabe der „Annals of Applied Statistics" Rechnungen anderer renommierter Statistiker abgedruckt, die von abweichenden Annahmen ausgehen. Und in der Tat gelangt man dann zu gänzlich anderen Ergebnissen, bis hin zu der Aussage, dass es extrem unwahrscheinlich ist, dass das von Cameron gefundene Grab tatsächlich etwas mit dem biblischen Jesus zu tun hat. Statistik wird bei der Beantwortung dieser Frage erst dann wirklich helfen können, wenn über die Annahmen Einigkeit herrscht. Solange bleibt es eine Glaubenssache, und das ist ja vielleicht auch gar nicht schlecht.

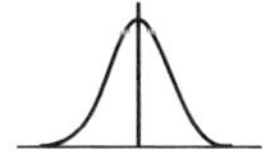

Woher kommt die falsche Zahl?

Bei Statistiken, die sehr oft und über einen langen Zeitraum wiederholt werden, neigt man leicht dazu, diese irgendwann als bestätigte Wahrheiten hinzunehmen und nicht weiter zu hinterfragen. So auch bei der folgenden: „Frauen erbringen 66 % der Arbeit, erzeugen 50 % der Nahrungsmittel, erhalten aber nur 10 % des

Einkommens und besitzen nur 1 % aller Immobilien." Bekannt geworden ist diese Statistik vor allem durch die massenhafte Verbreitung durch seriöse Organisationen wie dem Entwicklungsprogramm der Vereinten Nationen (UNDP) oder Oxfam, einem Verbund von verschiedenen Hilfs- und Entwicklungsorganisationen. Auch von deutschen Medien werden sie immer wieder aufgegriffen. Und in der Tat ist diese Zusammenstellung ja auch aufrüttelnd und einprägsam.

Aufgrund der starken Verbreitung hat ein Reporter der Washington Post sich jetzt intensiver mit der Herkunft dieser Zahlen beschäftigt. Dabei fand er heraus, dass drei der vier Zahlen (66 % der Arbeit, 10 % des Einkommens und 1 % aller Immobilien) ihren Ursprung in einem Bericht der Internationalen Arbeitsorganisation (ILO) haben. Dieser stammt allerdings aus den 70er-Jahren des vorigen Jahrhunderts und selbst damals wurde keinerlei Quelle für diese Behauptungen angegeben. Es ist also sehr fragwürdig, ob die schon damals zweifelhaften Zahlen knapp ein halbes Jahrhundert später so korrekt sind. Und in der Tat sprechen alle neueren Statistiken gegen die Behauptungen. So gaben etwa bei einer Befragung in Afrika 39 % der Frauen und 48 % der Männer an, Land zu besitzen, die meisten davon gemeinsam, aber immerhin sagten 12 % der befragten Frauen, alleinige Besitzer zu sein. Auch dass Frauen nur 10 % des weltweiten Einkommens erzielen, scheint mindestens um den Faktor 3 untertrieben zu sein. Inzwischen verwenden auch das UNDP und Oxfam diese Zahlen nicht mehr. Da sie aber so lange in der Welt waren, werden sie immer noch oft aufgegriffen und weiterverbreitet. Das ist besonders unverständlich, wenn man bedenkt, dass durchaus genug seriöse Zahlen vorhanden sind, die die Ungleichbehandlung von Frauen in weiten Teilen der Welt zweifelsfrei belegen.

Geplanter Verfall

Bevor wir zum eigentlichen Thema dieses Abschnitts kommen, fragen Sie sich einmal, was Sie mit den Schuhen gemacht haben, die bei Ihnen als Letztes kaputtgegangen sind. Vermutlich werden die meisten diese Frage schlicht mit „weggeworfen" beantworten. Wenn man nun aber fragen würde, wie mit kaputten Schuhen in der Kindheit umgegangen wurde, so wird sich bei vielen das Bild des Schusters im Kopf formieren.

Mit diesem Bild im Hinterkopf betrachten Sie einmal eine Pressemitteilung des Umweltbundesamtes und des Öko-Instituts, die in den Medien breite Aufmerksamkeit gefunden hat. Unter der Überschrift „Faktencheck Obsoleszenz" wurde u. a. die Schlagzeile „Mehr Waschmaschinen, Wäschetrockner und Kühlschränke innerhalb von 5 Jahren defekt (…)" verbreitet. Ein Ziel der zweiteiligen Studie, zu der jetzt der erste Teil veröffentlicht wurde, liegt in der Überprüfung, ob Obsoleszenz — also der von Herstellern geplante vorzeitige Verschleiß — bei Hausgeräten zu beobachten ist. Es wurden dazu

Verbraucher bei Ersatzkauf eines Haushaltsgroßgerätes nach dem Kaufgrund befragt, differenziert nach dem Alter der Geräte. Die Befragung fand dabei 2004 und 2012/2013 statt. Dabei gaben 2004 nur 3,5 % der Käufer eines Haushaltsgroßgeräts an, dass das ersetzte Gerät jünger als 5 Jahre war. Dieser Anteilswert stieg 2012/2013 auf 8,3 %. Genau auf diesen Ergebnissen beruht die abgeleitete Schlagzeile „Mehr Waschmaschinen, Wäschetrockner und Kühlschränke innerhalb von 5 Jahren defekt (…)".

Tatsächlich lässt sich diese Schlussfolgerung selbstverständlich nicht aus den präsentierten Befragungsdaten ableiten, wenn man das Bild des Schusters im Kopf hat. Denn wie ist die Situation bei Haushaltsgeräten? Laut Statistischem Bundesamt sind die Preise für Haushaltsgeräte zwischen den beiden Befragungszeitpunkten um 6 % gefallen, während die Kosten für Elektriker und Servicetechniker im gleichen Zeitraum deutlich gestiegen sein dürften. Es ist also nicht ausgeschlossen, dass heute bereits beim ersten auftretenden Defekt eines Haushaltsgerätes häufig sofort die Ersatzbeschaffung vorgenommen wird, weil eine Reparatur nicht mehr lohnt. Hingegen ist es plausibel, dass Verbraucher 2004 ein junges Haushaltsgroßgerät bei einem Defekt noch häufiger reparieren ließen.

Ob Hausgeräte heute schneller kaputtgehen oder nach einem Defekt nur schneller ersetzt werden, kann also auf Basis der Studie schlicht nicht beantwortet werden.

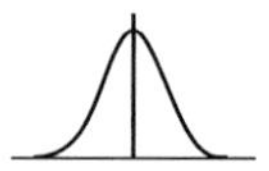

HIV-Tests

Auch wenn es jüngst hoffnungsvolle Meldungen zu HIV in Afrika gegeben hat, stellt der Kampf gegen das HI-Virus weiterhin eine enorme Herausforderung für den Kontinent dar. Besondere Bedeutung kommt dabei kostengünstigen Tests zu, um eine weitere Ausbreitung von HIV zu verhindern. Vielbeachtet wurde 2015 deshalb die Meldung, Forscher hätten einen kostengünstigen mobilen Bluttest auf HIV entwickelt, der bereits nach 15 min ein Testergebnis liefert. Einzig die Unsicherheit des Tests sei noch ein Problem, da der Test eine Sensitivität von 92 bis 100 % und eine Spezifität von 79 bis 100 % aufweisen würde. Unter Sensitivität eines diagnostischen Tests versteht man die Fähigkeit, tatsächlich Kranke als krank zu erkennen, und unter Spezifität die Fähigkeit, tatsächlich Gesunde als gesund zu identifizieren.

Im ersten Moment klingen diese Werte vielleicht sogar überzeugend. Was heißen sie aber konkret? – Gehen wir einmal von den geringeren Werten aus und nehmen an, der Anteil der Personen, die mit HIV infiziert sind, liege bei 20 %, wie es in weiten Gebieten des südlichen Afrikas der Fall ist. Wenn nun 1000 Personen den Test anwenden und der Test 92 % der Infizierten richtig erkennt, würde dies bedeuten, dass von 200 Infizierten 184 korrekt durch den Test als infiziert klassifiziert werden. Im Gegenzug werden aber auch 16 Personen als vermeintlich nicht infiziert eingestuft, sodass sie im Glauben gesund zu sein im schlimmsten Fall weitere Personen anstecken. Von den 800 Personen, die nicht mit dem HI-Virus infiziert sind, werden bei 79 % Spezifität 632 Personen auf Basis des Tests korrekt die Diagnose erhalten, gesund zu sein. Aber 168 Personen werden die Diagnose erhalten, HIV-infiziert zu sein, obwohl sie es nicht sind. Von allen positiv getesteten ist also in Wirklichkeit etwa die Hälfte gesund!

Betrachtet man im Gegenzug den klassischen ELISA-Test mit 99,5 % für Sensitivität und Spezifität, so würden im Beispiel von den 200 Infizierten 199 korrekt als infiziert identifiziert und nur 1 Person fälschlich als gesund klassifiziert. Von den 800 nicht infizierten Personen würden 796 ein korrektes Ergebnis erhalten und nur 4 Personen fälschlich als infiziert klassifiziert werden.

Die Zahlen verdeutlichen, dass der neuartige HIV-Test tatsächlich dringend weiter verbessert werden muss. Insbesondere die Zahl der fälschlichen Diagnosen, nicht HIV-infiziert zu sein, gilt es zu reduzieren.

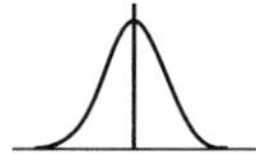

Fast Food und seine Folgen

2015 konnte man der Presse entnehmen, dass Fast Food vergesslich macht. Auch wenn es auf der Hand liegt, dass Fast Food nicht gerade einer ausgewogenen, gesunden Ernährung entspricht, mag doch es erstaunen, dass es eine direkte Auswirkung von Fast Food auf das Gedächtnis geben soll.

Die Pressemeldungen basierten auf einer Studie, die auf die amerikanische Professorin Beatrice Golomb zurückgeht und die auf der American-Heart-Association-Konferenz vorgestellt wurde. Dabei wurden Teilnehmer eines Gedächtnisleistungstests nach ihren Ernährungsgewohnheiten gefragt. Als Ergebnis konnte festgestellt werden, dass Probanden, die nach eigenen Angaben „Fast Food"-Konsumenten waren, 10 % weniger Gedächtnisleistung hatten als Probanden, die nicht regelmäßig Fast Food aßen.

Aus statistischer Sicht problematisch an dieser Studie ist, dass aus dem gefundenen statistischen Zusammenhang zwischen Fast Food und der schlechteren Gedächtnisleistung ein kausaler Zusammenhang abgeleitet wird, also Fast Food für die schlechtere Gedächtnisleistung verantwortlich gemacht wird. Allerdings ist überhaupt nicht klar, ob Fast Food das Gedächtnis beeinflusst oder es möglicherweise einen umgekehrten Zusammenhang gibt: Personen mit schlechterer Gedächtnisleistung könnten eher in Fast-Food-Restaurants gehen.

Aber auch ein zweiter Aspekt könnte das Ergebnis verursacht haben. Es könnte auch sein, dass schlechte Gedächtnisleistungen und häufiger Fast-Food-Konsum miteinander einhergehen, ohne dass das eine das andere überhaupt beeinflusst. Z. B. könnte es sein, dass Personen, die arbeitslos sind und somit keine geistigen Anforderungen im Beruf haben, auch häufiger Fast Food essen. Bei den Ergebnissen des Gedächtnistests wurden zwar statistisch Alter und Ausbildung berücksichtigt, vollständig dürfte man einen solchen Selektionseffekt aber nicht erfasst haben.

Festzuhalten bleibt, dass Fast Food natürlich nicht zu einer besonders gesunden Ernährung zählt. Aus der der Pressemeldung zugrunde liegenden Studie darf aber nicht abgeleitet werden, dass Fast Food vergesslich macht. Die Leiterin der Studie hat in den vergangenen Jahren übrigens auf ähnliche Art und Weise auch weitere Zusammenhänge gefunden. So soll Fast Food etwa auch aggressiv machen. Der Logik der Studien folgend könnte man aber wahrscheinlich auch „wissenschaftliche" Untersuchungen anstellen, wonach das Essen von Kaviar zu Reichtum verhilft und der Besuch von Kinderfilmen im Kino zur Verjüngung beiträgt.

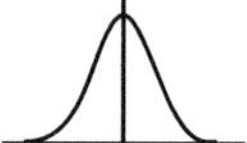

99,9 % ist nicht alles

Die Anwendung der Prozentrechnung ist nicht immer ganz einfach. Ein guter Rat ist dabei – wie oben schon illustriert – stets folgender: Sobald man eine Prozentzahl sieht, sollte man sich die einfache Frage stellen: Prozent wovon? Die Antwort darauf ist aber in der Praxis nicht immer trivial. So bewirbt der Putzmittelhersteller Reckitt Benckiser sein Produkt Sagrotan schon seit Jahren mit dem Slogan „Entfernt 99,9 % der Bakterien". Das klingt bei den Millionen von Bakterien in unserer unmittelbaren Umgebung tatsächlich beeindruckend. Wenn Sie nun denken, dass mit diesem Zaubermittel tatsächlich von

zehntausend Bakterien nur eine den Putzvorgang über-
lebt, dann liegen Sie falsch. Den Kollegen von SPIEGEL
ONLINE teilte das Unternehmen vor einigen Jahren auf
Nachfrage nämlich Folgendes mit:

> Erlauben Sie uns eine Anmerkung vorweg: Der Sagro-
> tan-Claim lautet ‚Sagrotan entfernt 99,9 % der Bak-
> terien', was nicht gleichbedeutend ist mit der Aussage
> ‚Sagrotan entfernt 99,9 % aller Bakterien'. Für Reckitt
> Benckiser ist es von größter Bedeutung, dass die Aus-
> sagen zur Produktleistung von Sagrotan auf wissenschaft-
> lichen Daten basieren. Bei beiden Testmethoden wird auf
> vier Standard-Bakterienstämme getestet: Escherichia coli,
> Staphylococcus aureus, Enterococcus hirae und Pseudo-
> monas aeruginosa. Diese Bakterien sind repräsentativ für
> eine Vielzahl verschiedener Bakterien. Sie wurden zum
> einen aufgrund ihrer relativen Widerstandsfähigkeit gegen
> Desinfektion und zum anderen wegen ihrer Relevanz im
> Alltag ausgewählt.

Das bedeutet: Aus den Tausenden unterschiedlicher
Bakterienarten hat das Unternehmen vier herausgegriffen.
Von diesen wird – bei richtiger Anwendung – dann nach
Angaben des Unternehmens der größte Teil entfernt.
Über alle anderen Bakterien wird nichts gesagt, und
zumindest die Stiftung Warentest erhielt im Praxistest von
Sagrotan-Handseife vor einigen Jahren deutlich schlech-
tere Desinfektionswerte als angegeben (test 1/2011). Wie
an so vielen Stellen im Leben macht hier also auch bei der
Prozentrechnung die genaue Formulierung der Werbeaus-
sage den feinen Unterschied.

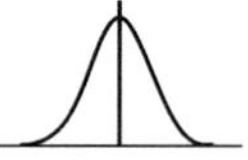

Prüfungsangst

Verena ist verzweifelt. Es steht die Prüfungsrunde für dieses Semester an und ihr graut schon jetzt vor den Klausuren. Immer wieder fragt sie sich, ob sie die Klausuren wirklich bestehen kann. Vor jeder Klausur plagen sie massive Ängste. Ihrem Freund Felix geht es genauso, er ist aber der Meinung, dass Prüfungsangst völlig normal ist. Er hat sogar eine Meldung in der Zeitung gelesen, in der thematisiert wurde, dass Angst vor Klausuren ein massives Problem für Studierende darstelle.

Grundlage dieser Meldung, die den Weg in viele Medien fand, war eine aktuelle Studie des Bundesministeriums für Bildung und Forschung. Sie scheint in der Tat Felix' Aussage auf den ersten Blick zu bestätigen, denn die Ergebnisse wurden dahin gehend verbreitet, dass die Sorge, bei Prüfungen zu versagen, unter Studierenden groß sei. Verena möchte das genauer wissen, und sie wirft einen Blick in die Studie. Sie findet heraus, dass im Rahmen der Befragung, die der Studie zugrunde liegt, gerade einmal 28 % der Studierenden an Universitäten und 26 % an Fachhochschulen angaben, dass sie meistens Angst vor Prüfungen hätten. Das erstaunt nun eher, denn nach der Formulierung der Schlagzeilen hätte man die Zahlen doch deutlich höher erwartet. Tatsächlich hat ein weiteres Viertel der Befragten angegeben, zumindest teilweise schon einmal Angst vor Prüfungen gehabt zu haben. Das heißt im Rückschluss aber, dass knapp die Hälfte der Studierenden bisher noch nie Angst vor Prüfungen hatte. Ein Wert, den Verena und Felix aus ihren Erfahrungen kaum glauben können. Und auch die Angaben dazu, wie groß der Anteil der Studierenden ist, die sich Sorgen machen, ihr Studium nicht zu schaffen, liegt mit 19 % erstaunlich niedrig, vor allem vor dem Hintergrund, dass nach einer Studie des Deutschen Zentrums für Hochschul- und Wissenschaftsforschung 28 % der Studienanfänger in Bachelorstudiengängen ihr Studium nicht erfolgreich beenden.

Wie die unerwartet niedrigen Zahlen zu den Anteilen Studierender mit Versagensängsten im Studium zu erklären sind und wie dies zu dem verbreiteten Fazit passt, dazu findet Verena in der Studie keine Antworten. Sie entscheidet sich stattdessen, sich weniger mit zweifelhaften Umfragen zu beschäftigen und sich stattdessen möglichst gut auf die anstehenden Prüfungen vorzubereiten, was dann hoffentlich auch ihre Prüfungsangst vertreiben wird.

Studenten auf der faulen Haut?

Werner ist aufgeregt. Gerade hat er im Radio gehört, dass die Studiendauer in den letzten Jahren in vielen Studiengängen gestiegen sei. Das bestätigt wieder einmal seinen Eindruck, dass die Studentinnen und Studenten heute dem Studium nicht mehr den nötigen Ernst entgegenbringen, den er selbstredend während seines Studiums vor 40 Jahren an den Tag gelegt hat. Bei nächstbester Gelegenheit wird er sein neues Wissen genüsslich an die Bewohner der benachbarten Studenten-WG weitergeben. Mit derlei Fakten konfrontiert, werden die jungen Frauen und Männer mit Sicherheit auch gleich kleinlaut einräumen, dass sie es wohl wieder gewesen seien, die am vergangenen Wochenende nicht gelernt und stattdessen noch nach 20 Uhr laut Musik gehört haben! Gesagt, getan, stellt er sich am nächsten Morgen Rebecca in den Weg und berichtet ihr von seinen Erkenntnissen. Diese – auch noch frech – hört ihm ganz ruhig zu, um ihm dann zu erklären, dass dies wohl eher ein statistisches Artefakt sei. Denn durch die Einführung neuer Studiengänge mit Bachelor- und Masterabschlüssen müssen sich die durchschnittlichen Studiendauern am Anfang ganz von alleine mit jedem Jahr erhöhen. Baff ob dieser selbstbewussten Antwort zieht sich Werner erst einmal in seine Wohnung zurück und beginnt im Internet zu recherchieren. Und tatsächlich scheint Rebecca Recht zu haben. Denn wenn ein neuer Studiengang mit sechssemestriger Regelstudienzeit eröffnet wird, können nach den ersten drei Jahren erst einmal nur all die Studierenden einen Abschluss machen, die das Studium ohne jede Zeitverzögerung abgeschlossen haben. Damit beträgt die durchschnittliche Studiendauer in diesem ersten Abschlussjahrgang also automatisch sechs Semester. Nun – und das muss selbst Werner aus eigener Erfahrung zugeben – schafft nicht jeder das Studium in der Regelstudienzeit. Im kommenden Semester werden neben den Studierenden, die ihr Studium in der Regelzeit abschließen, also auch einige dabei sein, die sieben

Semester benötigen. Automatisch steigt die mittlere Dauer bis zum Studienabschluss. Im Semester darauf passiert das Gleiche, nun noch von denen beeinflusst, die sogar acht Semester für das Studium brauchen. Die mittlere Dauer bis zum Studienabschluss wird also kontinuierlich steigen. Werner ist ein wenig zerknirscht. Offensichtlich hat er seinen Nachbarn vorschnell Unrecht getan. Er nimmt sich vor, für das kommende Wochenende Ohrenstöpsel zu kaufen und sich weniger über etwaige abendliche Musik aufzuregen.

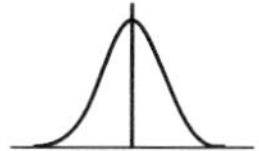

Immer mehr Druck?

Nele ist gestresst. In ihrem Studium läuft es gerade nicht so entspannt, denn sie muss mehrere Klausuren schreiben. Und auch die anstehende Hausarbeit ist noch nicht einmal in einer ersten Version fertiggestellt. Wie soll sie das nur alles schaffen? War das Studium nicht früher lockerer, und macht der Stress heute sogar psychisch krank?

Tatsächlich konnte man vielen Medien entnehmen, dass immer mehr Studierende psychotherapeutische Hilfe benötigen. Die Daten stammten vom Deutschen Studentenwerk, das entsprechende Beratungen an den Hochschulen anbietet. Daraus geht hervor, dass im Jahr 2015 insgesamt 32.000 Studierende Hilfe in Einzelgesprächen wahrgenommen hätten. Im Jahr 2010 waren es nur 26.000 Einzelgespräche gewesen. Es liegt also ein Anstieg um 23 % binnen fünf Jahren vor! Das klingt in der Tat dramatisch. Schnell waren die Gründe identifiziert: Prüfungsängste, Schwierigkeiten beim Studienabschluss und Arbeitsstörungen, die mit der Verdichtung im Studium im Zuge des Bologna-Prozesses mit den neuen Bachelor- und Masterstudiengängen einhergingen.

Man könnte die Zahlen also als Beleg dafür werten, dass der Druck im Studium zugenommen hat. Allerdings darf man bei der Diskussion nicht vergessen, dass im gleichen Zeitraum auch die Zahl der Studierenden enorm zugenommen hat. So waren im Jahr 2015 etwa 26 % mehr junge Menschen an den deutschen Hochschulen eingeschrieben als im Jahr 2010. Daran gemessen hat der Bedarf an psychotherapeutische Hilfe also sogar abgenommen. Darüber hinaus gab das Deutsche Studentenwerk in seiner Pressemitteilung auch bekannt, dass es davon ausgehe, dass die Hemmschwelle bei Studierenden gesunken sei, bei Problemen professionelle psychologische Hilfe in Anspruch zu nehmen. Dies ist natürlich eine erfreuliche Entwicklung. Beide Befunde zusammen lassen erahnen, dass sogar eher ein geringerer Anteil der Studierenden psychische Probleme hat.

Das Studium ist zwar eine nicht zu unterschätzende Belastung. Diese mag sich im Laufe der Zeit vielleicht verändert haben. Nele sollte sich aber von den neuen Zahlen nicht zu sehr aus der Ruhe bringen lassen. Dass das Studium für zunehmende psychologische Probleme unter Studierenden verantwortlich ist, lässt sich aus den vorgelegten Zahlen nicht belegen.

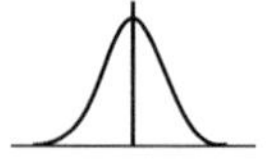

Falsche Prognosen: Wo kommen all die Studierenden her?

Wie kann man nur so weit danebenliegen? Im Jahr 2000 prognostizierte die Kultusministerkonferenz (KMK) für das Jahr 2016 zwischen 330.000 und 370.000 Studienanfänger. Tatsächlich haben 2016 mehr als 500.000 junge Menschen ein Studium begonnen – eine Abweichung von 35 bis 51 %!

Aber nicht nur die KMK irrte sich gewaltig. Auch das von der Bertelsmann Stiftung finanzierte Centrum für Hochschulentwicklung (CHE) prognostizierte 2007 mit 330.000 Studienanfängern für das Jahr 2016 gut 50 % zu wenig. Nun mag man argumentieren, dass zehn Jahre für eine Prognose auch ein langer Zeitraum ist, schließlich lassen sich die Studienanfängerzahlen offensichtlich selbst für wenige Jahre kaum sicher vorhersagen.

Das CHE sagte 2012 in einer aktualisierten Prognose die Studienanfängerzahlen für 2016 um 10 % zu niedrig voraus, die KMK im gleichen Jahr um 7 %. Dies entspricht 30.000 bis 50.000 Studienanfängern, die leicht einige neu errichtete Hochschulen füllen könnten.

Doch was macht die Prognosen so schwierig? Größere Unsicherheiten über die Gesamtzahl junger Menschen als Ursache sind es jedenfalls nicht: 2006 veröffentlichte das Statistische Bundesamt die elfte Bevölkerungsvorausberechnung, in der es für das studienanfängertypische Alter von 18 bis 20 Jahren 2,476 Mio. Personen im Jahr 2016 vorhersagte.

Die aktuellen Zahlen zeugen mit 2,524 Mio. 18- bis 20-Jähriger nahezu von einer Punktlandung. Der Grund ist relativ einfach: Die jungen Menschen im Alter des Studienbeginns waren im Jahr 2006 bereits geboren, sodass sie nur durch Zu- und Abwanderung relevant beeinflusst werden konnten.

Viel unsicherer für die Studentenprognose ist etwas anders: die Verteilung der Schulabschlüsse und der Anteil derjenigen, die dann tatsächlich ein Studium aufnehmen. Zusammengefasst lässt sich dies in der Studienanfängerquote eines Jahrgangs darstellen. Und diese hat sich in der Tat dramatisch verändert. Während im Jahr 2000 gerade einmal ein Drittel eines Jahrgangs ein Studium begann, hat sich der Wert im Jahr 2016 auf gut 55 % erhöht (Abb. 10).

Die bildungspolitische Wirklichkeit hat also jede Prognose eingeholt, wie auch die Qualifizierungsinitiative des Bundes und der Länder 2008 plakativ zeigt. Damals

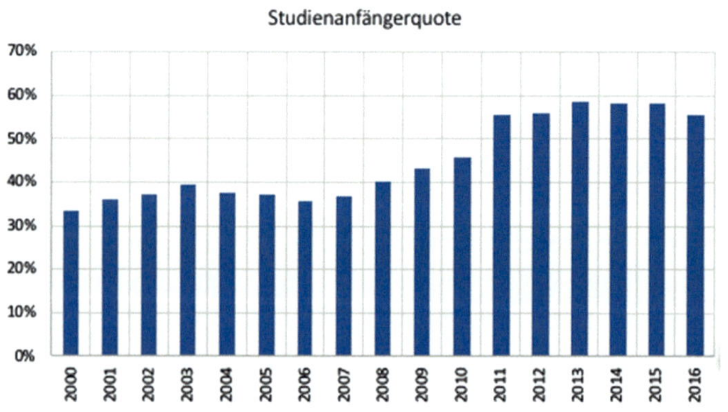

Abb. 10   Studienanfängerquote von 2000 bis 2016

wurde als mittelfristiges Ziel angestrebt, die Studienanfängerquote auf 40 % zu steigern. Dies ist ein Wert, der bereits ein Jahr später erreicht war und schon 2016 – gerade mal acht Jahre später – mit gut 55 % als unrealistisch niedrig erscheinen mag.

Die Daten zeigen, wie schwer es auch in der Zukunft sein dürfte, die Studienanfängerzahlen seriös zu prognostizieren. Die Anzahl der jungen Menschen wird zurückgehen und dieser Wert ist auch einigermaßen zuverlässig vorherzusagen. Aber wird die Studienanfängerquote eher auf dem Niveau von 55 % bis knapp 60 % der vergangenen Jahre verharren?

Oder wird sie sinken, weil es wieder mehr junge Menschen in eine klassische Ausbildung zieht? Oder wird es einen weiteren Anstieg geben? Diese Frage entzieht sich der rein statistischen Prognose, denn es spielen auch die zukünftigen politischen Weichenstellungen eine zentrale Rolle (Abb. 11).

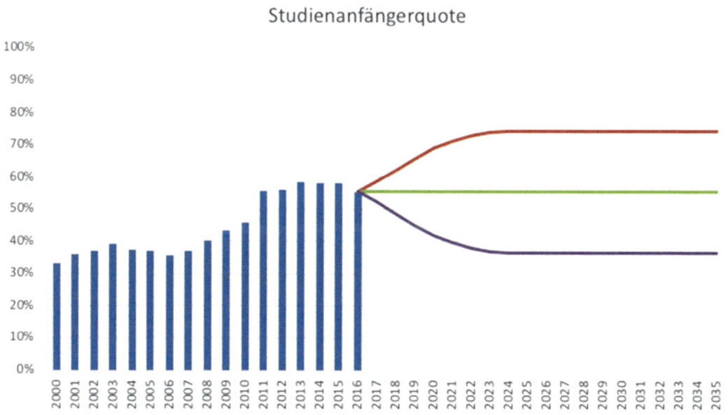

Abb. 11   Studienanfängerquote – die Prognosen sind schwierig

Ein weiterer Anstieg ist durchaus plausibel. So liegt Deutschlands Anteil der Studienanfänger immer noch knapp unter dem OECD-Schnitt. In Ländern wie Australien, Norwegen, Dänemark, USA und Großbritannien nehmen jeweils mehr als sieben von zehn jungen Leuten ein Studium auf.

Würden solche Werte auch in Deutschland in den nächsten Jahren eintreten, ließen diese Steigerungen den nahezu sicheren negativen Einfluss des demografischen Wandels – bis 2035 rechnet das Statistische Bundesamt mit einem Rückgang von gut 12 % in der Altersgruppe der Studienanfänger – locker überkompensieren.

Und es gibt auch Unterschiede zwischen den Regionen. So liegt die Studienanfängerquote in Sachsen-Anhalt gut 20 Prozentpunkte unterhalb des Werts in Hessen. Dies lässt erahnen, dass es Nachholeffekte in einzelnen Regionen geben dürfte, die eher zu einem noch länger anhaltenden Anstieg der Studierendenzahlen führen werden – demografischer Wandel hin oder her.

Die Studienanfängerzahlen zeigen ein ganz allgemeines Problem aller statistischen Prognosen: Diese eignen sich gut, um aus verlässlichen Daten der Vergangenheit Zusammenhänge zu identifizieren und diese auf die Zukunft zu projizieren. So sind die Prognosen zur Größe der Jahrgänge im studierfähigen Alter recht verlässlich, weil diese heute schon geboren sind. Auf solche Fragestellungen stürzen sich daher auch viele Prognostiker gern.

Wenn sich aber bei einer Fragestellung die Zusammenhänge in der Zukunft grundlegend ändern oder weitere extrem unsichere Faktoren relevant für die Prognose sind, dann ist eine verlässliche Vorhersage kaum möglich.

Exakt eintreffende Prognosen sind am ehesten in Ländern mit Planwirtschaft möglich. In der DDR beispielsweise gab es jedes Jahr etwa genauso viele freie Studienplätze wie Studienanfänger. Den Zusammenbruch des Landes hat das jedoch nicht verhindern können.

Hauptsache spektakulär

Tausende Statistiken werden täglich produziert, und niemand hat eine Chance, sich einen vollständigen Überblick über sie zu verschaffen. Mediale Aufmerksamkeit erlangen nur die wenigsten. Häufig sind das solche, deren Ergebnis überrascht und allgemeinere Diskussionen anstößt.

Hieraus kann aber ein Problem entstehen, denn auf diese Weise schaffen es eher extreme Statistiken in den Fokus der Öffentlichkeit als solche, die die Realität vielleicht passender beschreiben, aber weniger spektakulär sind. Dieser selektive Prozess der Berichterstattung in den Medien kann dazu führen, dass nicht abgesicherte Ergebnisse als vermeintliche Fakten in Erinnerung bleiben und zu einer verzerrten Wahrnehmung der Realität führen.

Betrachten wir als Beispiel dazu eine Meldung, die einige Schlagzeilen machte – den Gender-Pay-Gap beim Taschengeld (Pocket Money Gap). Eine Umfrage der britischen Bank HALIFAX ergab, dass Jungen durchschnittlich 12 % mehr Taschengeld bekommen als Mädchen, auch SPIEGEL ONLINE berichtete darüber. Diese Ergebnisse beziehen sich auf Großbritannien und wurden mit dem – sowohl in Großbritannien als auch in Deutschland – zu beobachtenden Gender Pay Gap bei Erwachsenen in Verbindung gesetzt.

Und tatsächlich wurden ähnliche Ergebnisse im Jahr 2009 auch schon für Deutschland berichtet. Eine ebenfalls medial viel beachtete Studie der LBS verkündete hierzulande sogar einen noch höheren Unterschied als im Vereinigten Königreich.

In beiden Studien waren die Ergebnisse statistisch signifikant. Das bedeutet, dass die Unterschiede nur mit geringer Wahrscheinlichkeit durch Zufall zu erklären sind, etwa weil bei der Befragung überdurchschnittlich viele Jungen mit überdurchschnittlich hohem Taschengeld teilgenommen haben könnten. Die Ergebnisse scheinen deutlich zu bestätigen, dass der Einkommensunterschied zwischen Männern und Frauen schon im Kindesalter mit dem Taschengeld beginnt.

Allerdings sollte bei der Bewertung der Ergebnisse auch beachtet werden, was nicht berichtet wurde. Es gibt Studien, die zumindest die Klarheit der Ergebnisse infrage stellen.

So wurde die britische Studie auch schon im Vorjahr durchgeführt, bereits damals hat sie ein höheres Taschengeld für Jungen als für Mädchen ergeben. Allerdings lag der Unterschied nur bei 2 % und war nicht statistisch signifikant. Es erscheint kaum plausibel, dass sich das Taschengeld von Jungen binnen eines Jahres derart stärker erhöht haben sollte als das für Mädchen. Der Zufall, dem alle stichprobenbasierten Befragungen unterliegen, mag dabei eine Rolle spielen.

Und auch für Deutschland gibt es weitere Befragungsergebnisse, die keinen signifikanten Taschengeldunterschied zwischen Jungen und Mädchen gefunden haben. So hat eine aktuellere Befragung der LBS unter knapp 10.000 Schulkindern im Jahr 2014 keine statistisch abgesicherten Unterschiede zutage gefördert. Dieser fehlende Unterschied bei der mittleren Taschengeldhöhe zwischen Jungen und Mädchen fand in der medialen Berichterstattung kaum Beachtung.

Eine weitere alle drei Jahre durchgeführte, groß angelegte Befragungsstudie, die KidsVerbraucherAnalyse durch Egmont Ehapa Media mit knapp 2500 Kindern im Alter von 6 bis 13 Jahren fand für die Jahre 2009, 2012 und 2015 keine Unterschiede in der Taschengeldhöhe zwischen den Geschlechtern. Dabei wiesen zweimal die Jungen im Mittel ein etwas höheres Taschengeld auf und einmal die Mädchen. In keinem Fall waren die Unterschiede statistisch signifikant.

Alle hier genannten Studien wurden zu kommerziellen Zwecken durchgeführt. Darüber hinaus steht in Deutschland eine sehr solide wissenschaftliche Datenbasis zur Verfügung, das Sozio-oekonomische Panel (SOEP). Dabei wird unter anderem das Taschengeld von Kindern und Jugendlichen abgefragt.

Für 17-jährige Jugendliche liegen dazu gut 4500 Angaben aus den letzten Jahren vor. Das mittlere monatliche Taschengeld lag dabei inflationsbereinigt für Mädchen sogar knapp 5 % höher als für Jungen. Wiederum ist der Unterschied aber nicht signifikant. Gleiches gilt – allerdings nur für gut 300 Befragte – für zehnjährige Kinder, bei denen die Eltern die Angaben gemacht haben.

In unserer kurzen Recherche zu Taschengeldunterschieden zwischen Jungen und Mädchen haben wir also neun Auswertungen gefunden. Bewertet man diese im Überblick, erscheint der Rückschluss auf ein höheres Taschengeld bei Jungen im Vergleich zu Mädchen (Pocket Money Gap) als vorschnell, denn bei sieben der Studien finden sich keine oder nicht statistisch abgesicherte Hinweise auf ein höheres Taschengeld.

Diese Studien wurden in den Medien allerdings kaum aufgegriffen. Die zwei Untersuchungen, die auf geschlechtsspezifische Unterschiede hindeuten, haben hingegen ihren Weg in die Schlagzeilen gefunden.

Häufig sind also gerade die nicht von den Medien aufgegriffenen Meldungen wichtig, um Sachverhalte zu bewerten.

Amokläufer identifizieren

Immer wieder erschüttern uns Meldungen aus aller Welt über Amokläufe an Schulen. Da liegt der Wunsch auf der Hand, potenzielle Täter frühzeitig zu identifizieren, um die schrecklichen Taten im Vorwege zu verhindern. Tatsächlich wird in den Medien immer wieder davon berichtet, dass Wissenschaftler entsprechende statistische Prognosesoftware entwickelt hätten. Nur, funktioniert so etwas wirklich? Um die Antwort vorwegzunehmen: Nein! Und es ist realistisch, auch nicht davon auszugehen, dass derartige Prognosen in naher Zukunft möglich sein dürften. Zunächst einmal lässt sich feststellen, dass nicht alle Amokläufer gleiche Merkmale aufweisen. Zwar gibt es häufige Übereinstimmungen zwischen den Tätern. So sind gut 95 % der Täter Jungen, sie sind zumeist zwischen 15 und 18 Jahre alt, sie stammen oft aus „unauffälligen" Familien, die Eltern haben häufig ein mittleres bis hohes Bildungsniveau, und die Täter handeln meistens alleine. Allerdings treffen diese Kriterien eben gerade nicht auf alle Amokläufer zu. Es gibt also selten auch Mädchen oder Täter aus bildungsfernen Haushalten, die Amokläufe begehen. Nun mag man argumentieren, dass vielleicht nicht alle potenziellen Amokläufer im Voraus identifiziert werden könnten, aber zumindest ein großer Anteil, was ja auch schon einen nicht zu unterschätzenden Nutzen darstellen würde. Dem steht aber entgegen, dass viele der übereinstimmenden Kriterien von Amokläufern sehr wenig spezifisch sind. Denn männliche Schüler zwischen 15 und 18 Jahren, die aus unauffälligen Familien mit Eltern mit mittlerem bis hohem Bildungsstand stammen, gibt es in Deutschland Hunderttausende. Zum Glück sind Amokläufe an Schulen aber extrem selten, das heißt, die allermeisten Schüler mit den genannten Kriterien werden niemals Amokläufer. Man könnte versuchen, weitere Kriterien heranzuziehen, die im Vorwege häufig schwierig zu ermitteln sind, wie z. B. das Erleiden persönlicher Kränkungen, der Zugang zu Waffen oder auffälliger Medienkonsum. Aber auch dann bleiben viel zu viele Schüler in dem statistischen Raster hängen, und eine nutzenstiftende Prognose lässt sich nicht ableiten. Es bleibt also festzuhalten, dass eine statistische Frühidentifikation potenzieller Amokläufer an Schulen absehbar kaum möglich sein wird, und der beste Schutz vor Bluttaten an Schulen vermutlich allgemein in gewaltpräventiven Maßnahmen und einer besonderen Aufmerksamkeit für Schüler liegen dürfte, die eine auffällig Verhaltensänderung zeigen.

Wir schaffen 99,999 %!

Stellen Sie sich vor, ein Sicherheitsunternehmen bietet den deutschen Flughäfen ein neuartiges, geheimes Testverfahren für Passagiere an. Es soll zuverlässig vorhersagen können, ob eine untersuchte Person ein harmloser Fluggast ist oder ein Terrorist, der das Flugzeug in die Luft sprengen will. Das fiktive Unternehmen wirbt mit einer Trefferquote von mindestens 99,999 % für das Verfahren. Klingt beeindruckend, oder?

Bevor die Firma für zig Millionen deutsche Flughäfen mit ihren neuen Scannern ausstattet, sollte man freilich erst einmal schauen, wie die angegebene Prognosegenauigkeit definiert wurde. Meist wird die Trefferquote schlicht als Anzahl richtiger Prognosen im Verhältnis zu allen abgegebenen Prognosen berechnet.

In unserem fiktiven Beispiel hieße dies, dass für mindestens 99,999 % der Flugpassagiere eine korrekte Prognose abgegeben wird. Wenn man sich nun allerdings vergegenwärtigt, dass in Deutschland jedes Jahr gut 80 Mio. Passagiere ihren Flug antreten und darunter hoffentlich kein einziger Terrorist mit Sprengstoff im Handgepäck ist, dann läge es auf der Hand, dass das neuartige Verfahren nahezu allen Passagieren Harmlosigkeit attestieren würde.

Die besagte Trefferquote von 99,999 % beinhaltet auch: 800 – und sofern man die Rundungsregeln berücksichtigt sogar bis zu 1200 – Fluggäste würden fälschlich als Terroristen erkannt (Tab. 1). Wenn sich nun aber tatsächlich ein Terrorist Zugang zu einem Flugzeug verschaffen möchte, wird die Absurdität der Kennzahl „Trefferquote" noch offensichtlicher, denn diese ändert sich fast gar nicht, egal ob das System den Terroristen erkennt oder nicht. Und selbst wenn zehn Terroristen im Jahr vom System nicht erkannt werden und sich in Flugzeugen in die Luft sprengen, bleibt die Trefferquote bei 99,999 %, während im Gegenzug maximal 1190 harmlose Fluggäste vom System für Terroristen gehalten werden.

Es ist leicht zu erkennen, dass in Fällen seltener (oder natürlich auch besonders häufiger) Ereignisse die Angabe einer Trefferquote wenig hilfreich ist, um die Güte eines Prognosesystems zu bewerten. Tatsächlich spielt aber gerade die Trefferquote häufig in den Medien eine zentrale Rolle. Der Grund ist meist, dass hohe Trefferquoten stark

Tab. 1 Bei einer Trefferquote von 99,999 % würde es zu 1200 falschen Verdächtigungen kommen

	Tatsächlich Terrorist	Tatsächlich kein Terrorist
Prognose Terrorist	0	1200
Prognose kein Terrorist	0	**79.998.800**

$$Trefferquote = \frac{79.998.800}{80\,Mio.} = 99,999\,\%$$

beeindrucken. Ein Beispiel hierfür sind die Scheidungsprognosen des Psychologie-Professors John Gottman aus den USA, die seit vielen Jahren immer wieder prominent in den Medien aufgegriffen werden.

Auch SPIEGEL ONLINE berichtete 2004 darüber, dass Gottmann mit einer Treffergenauigkeit von bis zu 94 % anhand einfacher Beobachtungen von positiven und negativen Elementen in Ehegesprächen vorhersagen könne, ob sich ein Paar scheiden lässt.

Allerdings basieren diese Ergebnisse zumeist auf Prognosen über sehr kurze Zeiträume. So untersuchte Gottman beispielsweise 95 Paare, die frisch verheiratet waren, gab eine Scheidungsprognose ab und kontrollierte drei Jahre später, ob sich die Paare hatten scheiden lassen. In 83 der 95 Fälle lag Gottman richtig, was einer Trefferquote von 87,4 % entspricht (Tab. 2).

Es ist leicht erkennbar, dass die hohe Trefferquote vor allem darauf zurückzuführen ist, dass Gottman dem überwiegenden Anteil der Paare vorhergesagt hatte, dass sie sich nicht würden scheiden lassen. Diese Annahme ist wenig erstaunlich, denn nach drei Jahren Ehe dürfte der ganz überwiegende Anteil der Paare noch verheiratet sein.

Tab. 2 Eine geringe Scheidungsrate in kurzer Zeit führt zu einer guten Trefferquote

	Verheiratet	Geschieden
Prognose verheiratet	**77**	1
Prognose geschieden	11	**6**

$Trefferquote = \frac{(77+6)}{95} = \frac{83}{95} = 87,4\,\%$

Vor dem Hintergrund der geringen Scheidungsquote wäre Gottmans Trefferquote sogar noch besser gewesen, wenn er für alle Paare prognostiziert hätte, dass sie verheiratet blieben. In diesem Fall hätte die Trefferquote sogar bei 92,6 % gelegen, auch wenn die Prognose natürlich wenig sinnvoll wäre (Tab. 3).

Um Gottmans Prognoseleistungen also tatsächlich beurteilen zu können, ist die Trefferquote wenig geeignet. Alternativ lässt sich die Trefferquote allerdings einordnen, wenn sie einer naiven Prognose gegenübergestellt würde. Ohne vorherige Informationen ist dieses erwartungsgemäß schwierig.

Es ließe sich aber z. B. der Anteil der Paare, die sich im Allgemeinen binnen drei Jahren in den USA scheiden lassen, nutzen, um eine naive Prognose zu erstellen. Dieser Anteil liegt in den USA bei 12 %.

Wenn nun rein zufällig 12 % der 95 Paare eine Scheidungsprognose zugeordnet würde, wären dies elf der nach drei Jahren noch verheirateten 88 Paare und eines der sieben geschiedenen Paare. Man dürfte also eine Trefferquote von 82,1 % erwarten. Vergleicht man also beide

Tab. 3 Eine bessere Quote ergibt sich für eine noch optimistischere Einschätzung der Ehen

	Verheiratet	Geschieden
Prognose verheiratet	**88**	7
Prognose geschieden	0	**0**

$$Trefferquote = \frac{(88+0)}{95} = \frac{88}{95} = 92,6\,\%$$

Tab. 4 Gottmans Prognose unterscheidet sich kaum vom Mittelwert

	Verheiratet	Geschieden
Prognose verheiratet	**77**	6
Prognose geschieden	11	**1**

$Trefferquote = \frac{(77+1)}{95} = \frac{78}{95} = 82,1\,\%$

Trefferquoten, erscheint Gottmans Prognose mit einer Trefferquote von 87,4 % kaum mehr beeindruckend (Tab. 4).

Was Gottmans Arbeit aber interessant macht, sind die sechs korrekten Prognosen unter den sieben Scheidungen. Das schafft tatsächlich keine naive Prognose bei dieser Gesamttrefferquote. Egal, ob man das fiktive Beispiel der Terroristenerkennung oder die Scheidungsprognosen heranzieht, in jedem Fall lässt sich festhalten, wie wenig hohe Trefferquoten aussagen, wenn relativ seltene (oder besonders häufige) Ereignisse prognostiziert werden.

Simpson-Paradoxon: Diese Statistik kann nicht stimmen. Oder doch?

Stellen Sie sich vor, Sie sitzen in einem Universitätsgremium, das die Gleichberechtigung bei der Zulassung zum Studium überprüfen soll. Dazu erhalten Sie folgende Zahlen: Insgesamt haben sich 500 Frauen und

500 Männer an ihrer Hochschule beworben. Von den Frauen wurden 240 zum Studium zugelassen (48 % Zulassungsquote), von den Männern 300 (60 % Zulassungsquote).

Bei den Frauen ist die Zulassungsquote also deutlich geringer als bei den Männern. Vermutlich würden Sie darauf dringen, die Zulassungsverfahren hinsichtlich einer möglichen Diskriminierung von Frauen zu überprüfen.

Nun erhalten Sie jedoch die Zahlen zu den (vereinfacht angenommen) zwei Studiengängen, die die Hochschule anbietet. Der erste Studiengang ist bei Männern sehr beliebt: Es gab 360 Studienplätze, auf die sich 100 Frauen und 400 Männer beworben haben. Hiervon wurden 80 % der Frauen und 70 % der Männer zum Studium zugelassen.

Der zweite Studiengang war bei weiblichen Bewerbern beliebter: Auf die 180 Studienplätze haben sich 400 Frauen und 100 Männer beworben, von denen 40 % der Frauen und 20 % der Männer zugelassen wurden. In beiden Studiengängen wurden Frauen also zu einem höheren Anteil zugelassen als Männer, was nun eher als eine Diskriminierung der Männer interpretiert werden könnte.

Es gibt also insgesamt eine höhere Zulassungsquote bei den Männern, aber in jedem Studiengang höhere Zulassungsquoten bei den Frauen. Wie kommt dieses kuriose Ergebnis zustande?

Die Erklärung ist, dass sich Frauen eher auf den Studiengang beworben haben, bei dem es weniger Plätze gibt, nämlich nur 180 statt 360. Die Zulassungsquote ist daher unabhängig vom Geschlecht niedriger, weil es mehr Bewerber pro Studienplatz gibt. Männer haben sich hingegen verstärkt auf den Studiengang beworben, bei dem mehr Plätze zu vergeben waren.

Die Betrachtung der Zulassungsquoten insgesamt, bei der Frauen scheinbar diskriminiert werden, lässt also schlicht außer Acht, dass im exemplarischen Fall Frauen und Männer offensichtlich unterschiedliche Studienvorlieben haben.

In dem Gremium müssten Sie also eigentlich zwei getrennte Fragen diskutieren: Wieso werden in den Bewerbungsverfahren der einzelnen Studiengänge Frauen eher zugelassen als Männer? Und wieso gibt es vom bei Frauen so beliebten zweiten Studiengang weniger Studienplätze?

Das Phänomen, wonach die Eigenschaften einer Gesamtmenge mindestens teilweise im Widerspruch zu den Eigenschaften der Teilmengen stehen können, ist in der Statistik unter dem Begriff des Simpson-Paradoxons bekannt. Es hat nichts mit der Fernsehserie „Die Simpsons" zu tun, sondern geht auf den britischen Statistiker Edward Simpson zurück.

Bekanntheit erlangte es, als die renommierte University of California in Berkeley 1973 wegen vermeintlicher Diskriminierung von Frauen bei der Studienzulassung in einem spektakulären Rechtsstreit am Pranger stand. Natürlich hatte die kalifornische Uni mehr Studiengänge als in unserem fiktiven Beispiel, aber tatsächlich konnte die niedrigere Zulassungsquote bei den Frauen auf der Ebene der Gesamthochschule bei einer Untersuchung der einzelnen Departments nicht mehr beobachtet werden.

Auch wenn dieses Beispiel also schon etwas älter ist, so spielt das Simpson-Paradoxon auch in vielen aktuellen Diskussionen eine wesentliche Rolle. So ließ sich

Anfang September 2015 einer Pressemitteilung des Statistischen Bundesamtes entnehmen, dass 2014 30,0 % der Bevölkerung mit Migrationshintergrund Abitur oder Fachhochschulreife hatte. Der entsprechende Anteil bei Personen ohne Zuwanderungsbiografie lag mit 28,5 % leicht niedriger. Auch SPIEGEL ONLINE berichtete darüber unter der Überschrift „Menschen ausländischer Herkunft haben häufiger Abitur als Deutsche".

Man könnte also vorschnell den Eindruck gewinnen, dass hinsichtlich schulischer Bildungschancen kaum weitere Integrationsanstrengungen nötig sind. Allerdings offenbart auch hier ein genauerer Blick in die Daten des Statistischen Bundesamtes Erstaunliches: In fast allen Altersgruppen weist ein geringerer Anteil von Personen eine Fach- oder Hochschulreife auf, wenn ein Migrationshintergrund vorliegt (Abb. 12).

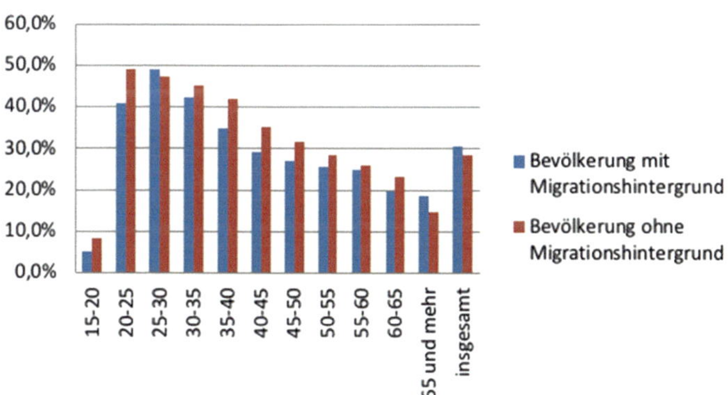

Abb. 12 Personengruppen mit Migrationshintergrund haben in allen Altersgruppen seltener Hochschulreife

Die inhaltliche Erklärung ist einfach: Personen mit Migrationshintergrund sind im Schnitt deutlich jünger als Personen mit deutschen Wurzeln. Und Jüngere haben insgesamt häufiger eine Fach- oder Hochschulreife. Bei den 25- bis 30-jährigen sind dieses knapp 50 %, bei den 45- bis 50-Jährigen hingegen nur etwa 30 %.

So ergibt ein pauschaler Vergleich über alle Altersgruppen hinweg, dass Personen mit Migrationshintergrund häufiger die höchsten Schulabschlüsse aufweisen. Im vorliegenden Fall dürfte aber vor allem der jeweilige Anteil mit Fach- oder Hochschulreife in den einzelnen Altersgruppen von Interesse sein, um beispielsweise den Integrationserfolg hinsichtlich des Schulabschlusses zu messen. Die Altersunterschiede zwischen den beiden verglichenen Gruppen nicht zu nennen verdeckt also einen wichtigen Aspekt (Abb. 13).

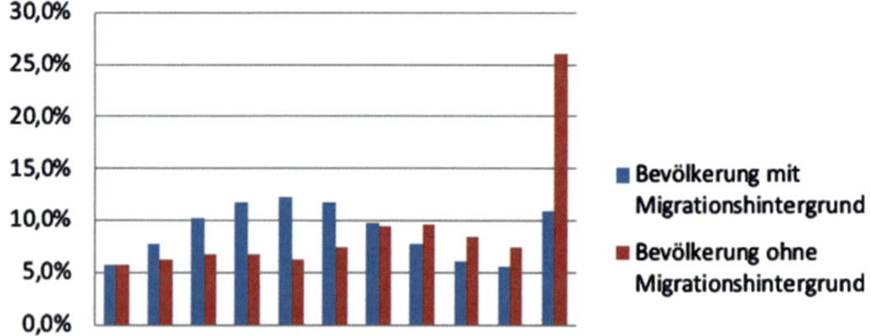

Abb. 13 Altersverteilungen, getrennt nach Personen mit und ohne Migrationshintergrund

Gleiches sollte man bedenken, wenn Statistiken über Flüchtlinge mit Daten von Bundesbürgern verglichen werden. Flüchtlinge dürften im Schnitt deutlich jünger sein als die Gesamtbevölkerung. Bei der Interpretation entsprechender Statistiken muss daher auch das Simpson-Paradoxon mit bedacht werden, wenn das Alter erkennbar eine entscheidende Rolle spielt, etwa bei der Kriminalität („Junge sind im Schnitt häufiger kriminell als Alte") oder beim großen Bereich der Gesundheit.

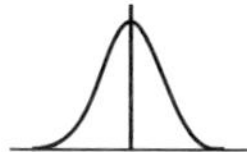

Fragwürdige Umfragen: Von wegen repräsentativ

Ein Text über repräsentative Befragungen? Den beginnen wir am besten mit einer kleinen Umfrage:

Haben Sie in dieser Woche ein Buch zur Statistik zur Hand genommen?

[ ] Ja										[ ] Nein

Sie werden sicher selbst bemerken, dass das Ergebnis dieser Umfrage vermutlich nur wenig Erkenntnis bringen kann. Schließlich richten wir diese Frage ja hier an Leser einen solchen Buchs.

Von kleineren Spitzfindigkeiten einmal abgesehen, kann die einzig wahrheitsgemäße Antwort also nur „Ja" lauten. Die Aussage „100 % der Deutschen lasen in dieser Woche ein Buch zur Statistik" auf Basis unserer Umfrage wäre also offensichtlich Blödsinn.

Anders als beim Problem regionaler Auswertungen liegt die Schwierigkeit im vorliegenden Fall also nicht in einer zu kleinen Anzahl an Befragten. Auch wenn Tausende Leser tatsächlich an der Umfrage teilnähmen, würde sich das Ergebnis nicht ändern. Vielmehr ist hier die zu spezielle Zusammensetzung der Umfrageteilnehmer das Problem.

Die Umfrage ermittelt die Antworten derjenigen, die dieses Buch lesen und an der Umfrage teilnehmen – nicht mehr und nicht weniger. Eine Verallgemeinerung z. B. auf alle Deutschen ist also nicht legitim, da die gewonnenen Ergebnisse keine Aussagen über die Gesamtheit zulassen. Man nennt dies fehlende Repräsentativität.

Es ist aber auffällig, wie häufig die Ergebnisse von Umfragen, die in ganz speziellen Gruppen durchgeführt wurden, als allgemeingültig dargestellt werden. So konnte man im März 2015 auch auf SPIEGEL ONLINE lesen: „Botnetze: 40 % der PC in Deutschland infiziert". Die Meldung beruhte dabei auf einer Meldung des Anti-Bot-net-Beratungszentrums des Verbands der deutschen Internetwirtschaft. Das Zentrum hatte im Jahr 2014 mehr als 220.000 Rechner auf Botnetze gescannnt und bei rund 40 % Trojaner-Software entdeckt.

Dabei muss man wissen, dass der Scan nicht etwa bei zufällig ausgewählten Rechnern durchgeführt wurde, sondern die Nutzer ihre Rechner einem freiwilligen Test unterzogen. Es ist durchaus plausibel oder zumindest nicht ausgeschlossen, dass vermehrt solche Nutzer diesen Scan durchführen lassen, die den Verdacht hegen, dass ihre Rechner eventuell infiziert sind. Das Ergebnis ist erschreckend genug, aber mit Sicherheit darf daraus nicht der Schluss gezogen worden, dass 40 % aller Rechner in Deutschland infiziert sind. Die untersuchte Gruppe stellt vermutlich eine ganz spezielle Auswahl dar.

Auch in der Wissenschaft ist die Repräsentativität von Befragungen oft nicht vollständig sichergestellt. Hier kann die – meistens auch gesetzlich vorgeschriebene – Freiwilligkeit der Studienteilnahme ein Problem darstellen. So wurde im Juli 2013 eine gemeinsame Studie der Tierärztlichen Hochschule Hannover, der Universität Leipzig und des Bundesinstituts für Risikobewertung vorgestellt, in der die Verbrauchsmengen des Einsatzes von Antibiotika in der Nutztierhaltung erstmals vermeintlich repräsentativ erfasst wurden. Die darin ausgewiesenen Antibiotikamengen waren erschreckend hoch.

Allerdings war die Teilnahme an der Studie freiwillig. Es steht dabei zu befürchten, dass gerade Landwirte mit einem wenig verantwortungsvollen Antibiotikaeinsatz die Teilnahme an der Studie verweigerten. Die in der Studie ausgewiesenen Einsatzmengen dürften in Wirklichkeit also Untergrenzen darstellen.

Das Problem der Freiwilligkeit der Teilnahme an Befragungen stellt sich in vielen Fällen. Niemand würde auf die Idee kommen, eine Studie zur Gewalt gegen Kinder rein auf Basis von Auskünften freiwillig teilnehmender Eltern durchzuführen. Aber häufig ist das Problem der freiwilligen Auskunft viel diffiziler. So gibt es oft Befragte, bei denen nicht klar ist, wieso die Auskunft verweigert wird. Was kann man in solchen Fällen also machen, um trotzdem solide Ergebnisse zu erhalten?

In der Umfrageforschung wird zumeist versucht, Personen, die nicht erreicht werden können oder die Auskunft verweigern, durch entsprechende Gewichtungen zu berücksichtigen. Stellen wir uns einmal vor, in einer bestimmten Region haben besonders viele Befragte die Auskunft verweigert. Dann könnten die erfolgreichen Antworten der Befragten der Region hochgewichtet werden, in der Hoffnung, dass die antwortgebenden Befragten stellvertretend für alle Personen in dieser Region stehen. So wurde in der oben genannten Studie zur Tiermast z. B. darauf geachtet, dass die vier Agrarregionen Deutschlands gleichmäßig berücksichtigt wurden.

Tatsächlich wird eine solche Nachgewichtung oft anhand von deutlich mehr Merkmalen (Alter, Beruf, Bildungsstand etc.) vorgenommen. Allerdings bleibt unsicher, ob die Auskunft gebenden Personen tatsächlich die gleiche Meinung vertreten wie die eine Antwort verweigernden Personen.

Sie merken: Repräsentativität ist nur sehr schwer zu erreichen. Auch mit den besten statistischen Methoden gelingt es nicht zwingend, die Mängel einer Befragung auszugleichen, damit die Ergebnisse tatsächlich stellvertretend für die Grundgesamtheit stehen.

Gerade bei der Vielzahl der heutigen Onlineumfragen ist immer eine gewisse Skepsis geboten, denn dort ist die Teilnahme typischerweise auf freiwilliger Basis und – je nach Fragestellung – die notwendige Onlineaffinität ein potenzieller Grund für verzerrte Antworten.

Selbst Telefonumfragen können verzerrt sein, wenn ein Teil der Angerufenen die Teilnahme verweigert und einfach auflegt. Ob sich die Ergebnisse sinnvoll auf alle

Deutschen übertragen lassen, hängt sehr von der Fragestellung ab. Häufig hilft nur der gesunde Menschenverstand, um die Ergebnisse einer Umfrage richtig bewerten zu können.

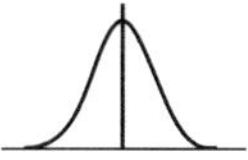

Tötet Pokémon Go?

Schon mehrfach haben wir in diesem Buch kritisiert, dass sich in den Medien immer wieder aufsehenerregende Meldungen finden, bei denen die zugrunde liegenden Zahlen auf den zweiten (und manchmal sogar auf den ersten) Blick doch nicht halten, was sie versprechen. Oft ist diese nachträgliche Diskussion etwas frustrierend, da die Meldung schon in der Welt ist und sich in vielen Köpfen festgesetzt haben wird.

Umso mehr freuen wir uns, dass eine in den USA weitverbreitete Meldung es hierzulande nur in wenige Blätter und auf wenige Webseiten geschafft hat, obwohl schon der Studientitel reißerisch ist: „Death by Pokémon Go", also „Tod durch Pokémon Go". Dies hat sicher damit zu tun, dass in diesem Fall Journalisten von ZEIT ONLINE sich die Studie vor Veröffentlichung eines Artikels kritisch angesehen und ihre Bedenken dort publiziert haben.

Aber der Reihe nach: Bei dem Smartphone-Spiel Pokémon Go können Spieler mit einem Blick durch die Handykamera Fantasiewesen in ihrer Umgebung sehen, diese fangen und gegen andere Pokémons kämpfen lassen. Dies passiert natürlich alles in der virtuellen Welt, sodass kein Spieler direkt bei diesen „Kämpfen" zu Schaden kommt. Die Autoren der zugrunde liegenden Studie behaupten vielmehr, dass dieses Spiel nach seiner Einführung zu mehr Verkehrsunfällen in ihrer Gemeinde geführt habe. Dies führen sie darauf zurück, dass Autofahrer das Spiel während der Fahrt spielen, um an bestimmten Orten im Rahmen des Spiels virtuelle „Bälle" und Ähnliches zu sammeln. Die Autoren rechnen nun Zahlen der Unfallstatistik ihrer Gemeinde – vermeintlich einzig zurückzuführen auf Pokémon Go – auf die gesamten USA hoch und kommen so auf einen drastischen Anstieg von Verkehrsunfällen in den USA und damit verbunden mit Schäden in Höhe von geschätzten 7,3 Mrd. US\$. Bei den genannten Größenordnungen sollte man schon mit gesundem Menschenverstand skeptisch werden. Und in der Tat weist die Studie zahlreiche Ungenauigkeiten auf, die bei näherem Hinsehen diese Studie als ein Paradebeispiel für unseriöse Datenjongliererei entlarven. Insbesondere kann den Unfällen aus der Statistik gar nicht die Ursache des Spielens von Pokémon Go zugeordnet werden.

Aber wie kann man als Journalist oder Leser diese und ähnliche Studien auch ohne langes Recherchieren in den statistischen Details als „vermeintlich unseriös" erkennen? Ein einfaches Kriterium hilft dabei häufig schon weiter: Klingt die Aussage einer Studie sehr reißerisch und ist diese noch nicht von unabhängigen Wissenschaftlern begutachtet worden, so sollte man diese erst einmal nicht allzu ernst nehmen. Schön, dass dies in diesem Fall gut funktioniert hat.

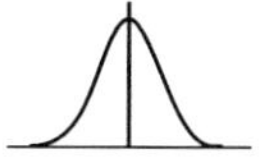

Professioneller Jahresausblick?

Jedes Jahr wird der Jahresausklang auch durch zahlreiche Prognosen für das neue Jahr begleitet. Sowohl selbsternannte Hellseher als auch Mitglieder vermeintlich professioneller Zünfte wagen vorherzusagen, wie sich Ereignisse im kommenden Jahr entwickeln werden.

Eine große deutsche Bank beteiligt sich seit vielen Jahren an derartigen Prognosen, was aus zwei Gründen besonders bemerkenswert ist. Zum einen ist ein Kernelement der Tätigkeit von Banken, zukünftige Entwicklungen abzuschätzen, um Kunden in Finanzfragen bestmöglich zu beraten. Zum anderen wertet die Bank zum Jahresende ihre vorige Prognose aus und veröffentlicht die Ergebnisse. Dabei lag die Trefferquote der 10 Prognosen, die jedes Jahr abgegeben wurden, für 2015 bei 9 von 10 und für 2016 und 2017 bei jeweils 7 von 10. Das ist wirklich eine erstaunlich gute Quote, mit der die Bank ihre Kompetenz in der Kundenberatung unter Beweis zu stellen versucht.

Allerdings lohnt ein genauerer Blick auf die Art der Prognosen, die jedes Jahr durch die Bank abgegeben werden. Die erste Prognose für 2017 war mit „Politik: Zwischen berechtigten Sorgen und Verführung der Massen" überschrieben und umfasste als echten Ausblick für das Jahr 2017 lediglich, dass die anstehenden Wahlen in Frankreich, den Niederlanden und Deutschland erhebliches

Konfliktpotenzial böten. Die Bank hat diese „Prognose" im Nachgang positiv evaluiert, wobei man sich fragen muss, was konkret eigentlich prognostiziert wurde. Dieser Eindruck drängt sich auch bei weiteren der zehn Prognosen auf, die z. B. ziemlich wolkig mit „Risiko & Portfolio: Es kann auch gut ausgehen!" überschrieben sind und als konkrete Aussagen Tipps der Form „Anleger sollten insgesamt flexibel agieren: Eine dynamische Steuerung des Portfolios scheint ratsam" umfassen. Es wird kaum ein Jahr gegeben haben, in dem solche Allgemeinplätze nicht richtig gewesen sind. Lediglich in wenigen der 10 Prognosen hat die Bank konkrete Aussagen gewagt, wie z. B. zur Entwicklung des Dax. Für diesen wurde vorausgesagt, dass er nahezu unverändert bleiben sollte. Tatsächlich ist er im Jahresverlauf um 1600 Punkte gestiegen. Diese konkrete Prognose hat sich also als falsch herausgestellt.

Insgesamt offenbaren die Prognosen der Bank das gängige Dilemma des Blicks in die Zukunft: Entweder bleiben Aussagen frei nach dem Motto „Morgen wird es regnen oder auch nicht" so unkonkret, dass sie keinen wirklichen Mehrwert aufweisen, oder aber es ist kaum möglich, diese seriös zu treffen, auch nicht für eine Bank. Insofern bleibt die Zukunft ungewiss, soviel ist zumindest sicher.

Drohender „Schülerberg"?

Im Sommer 2017 hat die Bertelsmann Stiftung eine Studie vorgestellt, die in den Bildungsministerien der Länder sowie den Kreisen und Kommunen für Aufregung gesorgt haben dürfte. Das vielbeachtete Hauptergebnis war eine Prognose: steigende Schülerzahlen bis 2030, speziell für Grundschulen – aber etwas schwächer auch für die Sekundarstufe I. Dies steht im deutlichen Gegensatz zu den Prognosen der Kultusministerkonferenz, die 2013 von kontinuierlich fallenden Schülerzahlen für die folgenden Jahre ausgegangen war. Für das Jahr 2025 beträgt die Differenz der unterschiedlichen Vorhersagen sogar 1 Mio. Schüler, was für die Planungen enorme Folgen hätte: Statt weniger Gebäude und Lehrkräfte zu benötigen, müssten eher zusätzliche Schulen errichtet und verstärkt Lehrkräfte ausgebildet werden.

Aber wie kommen so gravierend höhere Prognosen zustande? Die eine treibende Kraft liegt in den hohen Nettozuwanderungen begründet. Konkret bezieht sich die Studie auf Annahmen des Statistischen Bundesamtes aus dem Herbst 2015, also zum Zeitpunkt des höchsten Zustroms an Geflüchteten nach Deutschland. Das Statistische Bundesamt hat daraufhin die Annahmen über die Zuwanderung nach oben angepasst und geht von sehr hoher Zuwanderung im Jahr 2016 und den Folgejahren aus. Dies kann man vor dem Hintergrund der damaligen Situation gut nachvollziehen. Allerdings liegt bereits heute die Zahl der Neuerfassung von Schutzsuchenden wieder bei einem Wert ähnlich wie 2014. Insofern könnte es gut sein, dass die Prognosen für die kommenden Jahre wieder nach unten angepasst werden müssen.

Die zweite treibende Kraft hinter den Prognosen der Bertelsmann Stiftung bezieht sich auf die Geburten in Deutschland. Hierbei hat das Statistische Bundesamt für 2016 noch keine offiziellen Zahlen bekanntgegeben, die Bertelsmann Stiftung legt allerdings Zählungen von Geburten in allen Geburtskliniken in Deutschland zugrunde und errechnet daraus 4,5 % mehr Geburten als das Statistische Bundesamt vorausgesagt hatte. Schon diese Zahl ist mit Unsicherheit behaftet: Wie viele Geburten sind auf (temporäre?) Einwanderung zurückzuführen? Haben auch die Geburten außerhalb von Kliniken ähnlich stark zugenommen oder eher abgenommen? Aber nicht nur das. Dieser Aufschlag wird bei der Bertelsmann-Prognose ohne weitergehende Begründung für alle Jahre bis 2030 unterstellt.

Natürlich sollten diese neuen Erkenntnisse wahrgenommen werden. Sie unterstreichen insbesondere, dass Prognosen immer mit Unsicherheiten behaftet sind. Allerdings besteht auch kein Grund zu Kurzschlussreaktionen. Die Entscheidungsträger sollten sich mindestens noch die Zeit nehmen, neue Prognosen der Experten des Statistischen Bundesamts abzuwarten, bevor weitreichende Maßnahmen ergriffen werden.

Facebook als Glaskugel?

Kaum hatte sich die Nachricht über den Wahlsieg von Donald Trump um die Welt verbreitet, da wurde auch die Meldung kolportiert, ein ausgeklügelter Algorithmus habe ihm zum Sieg verholfen. Konkret behauptete eine US-Firma, sie habe die Psyche der Wähler derart durchleuchtet, dass man jedem Wähler individuelle Werbung habe zukommen lassen können, sodass die Wähler maximal empfänglich dafür gewesen seien. Das klingt beängstigend und lässt uns vielleicht glauben, dass Big Data unser Leben zukünftig unterwandern könnte.

Aber auf welche Fakten stützt sich diese Meldung eigentlich? Zentral liegt der Aussage ein Artikel aus der Fachzeitschrift „Proceedings of the National Academy of Sciences" zugrunde, in dem unter anderem gezeigt wurde, dass sich die sexuelle Orientierung von Männern mit einer Genauigkeit von 88 % richtig prognostizieren lässt, wenn man dafür die Facebook-Likes zugrunde legt. Das klingt in der Tat beeindruckend. Doch ist es das wirklich? – Die Autoren der Studie hatten für diese Aussage 58.000 Profile von Freiwilligen ausgewertet, die u. a. auf eigenen Aussagen zur sexuellen Orientierung basierten. Verdeckte Homosexualität gab es also nicht. Tatsächlich bedeutet das Ergebnis vor diesem Hintergrund, dass man bei zwei Männern – einer heterosexuell, einer homosexuell – mit 88 % Treffergenauigkeit vorhersagen kann, welcher Mann welcher Gruppe angehört. Also in etwa 9 von 10 Fällen würde man mithilfe der Likes auf Facebook richtig zuordnen können, welcher Mann hetero- bzw. homosexuell sei.

Um diesen Wert aber wirklich einordnen zu können, sollte man sich vergegenwärtigen, dass die Aussage nur auf offenen Angaben zur sexuellen Orientierung basiert. Man bekam also heraus, dass man Männer, die ihre Homosexualität offen ausleben, anhand ihrer Likes ziemlich sicher von heterosexuellen Männern unterscheiden kann. Keineswegs kann man mit dieser Methode also sexuelle Orientierung von Menschen identifizieren, wenn jene diese für sich behalten möchten. Dies klingt schon deutlich weniger erstaunlich. Bei Frauen konnte man die sexuelle Orientierung übrigens nur in drei von vier Fällen korrekt erklären.

Insofern können wir die Meldung, die uns den Glauben an die datengetriebene Glaskugel vermitteln möchte, die unser Leben und speziell unsere Psyche zukünftig zielsicher in beängstigender Weise durchleuchtet, ruhig in die Schublade „viel Lärm um nichts" ablegen.

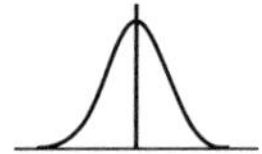

Lässt sich sexuelle Orientierung am Gesicht ablesen?

Mitte 2017 sorgten Pressemeldungen zu vermeintlichen Erfolgen bei der digitalen Bilderkennung und automatischen Auswertung für Aufsehen. In einer Studie wurde behauptet, dass man einzig anhand von Portraitaufnahmen von Männern zu 91 % richtig vorhersagen könne, ob die analysierte Person homosexuell sei. Bei Frauen lag die Quote etwas niedriger.

Der erste Einwand ist hier ähnlich wie im vorigen Abschnitt. Es wurden Fotos von Dating-Plattformen genutzt, bei denen die Personen in ihrem Profil klar benannt hatten, ob sie hetero- oder homosexuell sind. Dies macht schon deutlich, dass die Ergebnisse nicht einfach auf Alltagssituationen übertragen werden können, denn vermutlich haben zumindest einzelne der Personen Erkennungsmerkmale wie besondere Ohrringe oder Ähnliches benutzt, um ihre sexuelle Orientierung klar herauszustellen.

Ein zweiter Grund zur Kritik ist ein rein statistischer: Was heißt eigentlich „Erkennungsraten von bis zu 91 %"? Für das Experiment wurden jeweils ein zufälliges Foto aus der Gruppe Homosexueller und ein zufälliges aus der Gruppe Heterosexueller ausgesucht und der Computer musste die Fotos „nur" den beiden Gruppen zugeordnet: Würde man also den Zufall entscheiden lassen, würde dieser bereits eine Erkennungsrate von 50 % erzielen. Und auch inhaltlich kann man sich vorstellen, dass eine Zuordnung bei je einer ausgewählten Person aus jeweils der Gruppe der Homosexuellen und der Heterosexuellen leichter ist, als wenn eine zufällig ausgewählte Person (aus beiden Gruppen gemeinsam) einer der beiden Gruppen zugordnet werden soll. Stellen Sie sich zum Vergleich einmal vor, dass Sie selbst anhand eines einzelnen Fotos entscheiden sollten, ob die abgebildete Person ein Mann oder eine Frau ist. Dann ist das bei einigen Aufnahmen sicher nicht ganz leicht. Haben Sie aber zwei Fotos – je ein

Mann und je eine Frau – vorliegen, dann dürfte Ihnen die Zuordnung meist gelingen, auch wenn man vielleicht bei einer der beiden Personen unsicher ist. Und tatsächlich lässt sich mit wenig Aufwand nachrechnen, dass bei tatsächlicher Zufallsziehung einzelner Fotos der Anteil richtig prognostizierter Zuordnungen gar nicht viel höher als bei einer zufälligen Prognose ist.

Moderne Bilderkennungsverfahren sind sicher aus vielerlei Gründen in Teilen kritisch zu sehen. Uns muss aber zurzeit keineswegs die Sorge umtreiben, dass eine Software demnächst unsere sexuelle Orientierung nur anhand eines Fotos sicher erkennen kann.

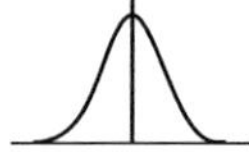

Das Kleingedruckte

Jeder, der schon einmal einen wichtigen Vertrag unterschrieben hat, weiß: Besonders das Kleingedruckte sollte genau angesehen werden. Denn häufig verstecken sich gerade dort die eigentlichen Fallstricke. Wie gut hat man es da doch, wenn man keine langen, für Laien kaum zu durchdringenden juristischen Abhandlungen vorliegen hat, sondern unbestechliche Zahlen. Wenn dabei nicht mit krimineller Energie die Zahlen selbst gefälscht wurden, dann kann z. B. der Mittelwert nicht falsch sein. Oder doch?

Ganz so einfach ist es leider nicht. Auch bei auf den ersten Blick unbestechlichen Statistiken kann das berühmte

Kleingedruckte doch wesentlich sein. Ein Paradebeispiel ist den Autoren dieses Buches im Internet auf einer eigentlich seriösen Nachrichtenseite begegnet. Dort wurde Werbung einer Firma geschaltet, die für Besitzer von Ferienhäusern und -wohnungen die Vermietung über ein Onlineportal anbietet. Das Verkaufsargument der Firma klang dabei auf den ersten Blick durchaus vielversprechend: „Unsere Vermieter erzielen im Durchschnitt 29.798 € an Mieteinnahmen im Jahr." Dies ist in der Tat eine beeindruckend hohe Zahl, und man mag spontan denken, dass die meisten Ferienwohnungen deutlich weniger abwerfen dürften. Aber auch hier liefert das berühmte Kleingedruckte die Erklärung. Dort ist nämlich klein und in hellblau auf weißem Grund zu lesen: „basierend auf den Top 5 % der Vermieter".

Im Klartext: Es wurden die 5 % umsatzstärksten Vermieter betrachtet, und bei denen lagen die durchschnittlichen Mieteinnahmen bei fast 30.000 € im Jahr. Die 95 % weniger umsatzstarken wurden einfach außer Acht gelassen. Auf diese Weise lässt sich der „Durchschnittswert" natürlich in fast beliebige Höhen treiben: Man kann auch einfach die „Top 1 %" betrachten oder – im Extremfall – auch gleich nur den Vermieter mit den höchsten Jahreseinnahmen. Auch bei eigentlich unbestechlicher Statistik lohnt es sich also, dass man sich auch das Kleingedruckte mit ansieht.

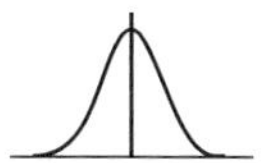

Wo sind die Asylbewerber geblieben?

„DER ABTAUCH-SKANDAL – 30.000 abgelehnte Asylbewerber sind spurlos verschwunden!" So war es – in gewohnt großen Lettern – auf der Titelseite einer großen deutschen Boulevardzeitung zu lesen. Und diese Zahl ist nicht irgendwie aus der Luft gegriffen, sondern sogar für jedermann nachvollziehbar, denn sie kommt von offizieller Stelle. Genaueres konnte man dem Beitrag entnehmen: „Laut Bundesregierung waren Ende Dezember 2016 genau 54.437 Personen vollziehbar ausreisepflichtig (…). Aber laut Statistischem Bundesamt bezogen im Jahr 2016 nur 23.617 dieser Personen Leistungen nach dem Asylbewerberleistungsgesetz. Über den Verbleib von 30.820 Personen (Stichtag 31.12.2016) haben die Behörden und Statistiker KEINE Informationen."

Die Sachlage scheint also klar zu sein. Schließlich hat man nur aus zwei offiziell verfügbaren Zahlen die Differenz gebildet. Ein Skandal wird aber erst daraus, wenn man ignoriert, wie sich die Zahl von 54.437 ausreisepflichtigen Personen zusammensetzt. Dies sind nämlich bei Weitem nicht nur abgelehnte Asylbewerber. Darunter fallen etwa auch Urlauber oder Studenten, deren Visum abgelaufen ist. Und bei denen ist kaum verwunderlich, dass sie kein Geld nach dem Asylbewerberleistungsgesetz beziehen. Sie haben schließlich auch gar keinen Anspruch darauf. Und die Zahl dieser Fälle ist nicht klein. Laut Bundesinnenministerium betrifft dies 51 % der ausreisepflichtigen Personen, sodass nur knapp 27.000 der 54.437 Personen prinzipiell überhaupt

Asylbewerberleistungen beziehen konnten. Unter diesen sind auch noch einige, die über genügend eigene Mittel verfügen, sodass sie keine Unterstützung erhalten. Damit kommt man der Zahl von 23.617 schon recht nahe. Wie groß die Differenz also tatsächlich ist, weiß wohl niemand genau. Um eine Größenordnung von zehntausenden Fällen, wie im Artikel behauptet, geht es aber ganz sicher nicht. Das Beispiel zeigt wieder einmal, dass ein fundierter Blick auf statistische Daten hilft, diese sauber journalistisch einzuordnen.

Spiel mit Zahlen

Verfolgt man die Kommentare von Fußballspielen im Fernsehen, könnte man teilweise auf die Idee kommen, den Zahlenkolonnen eines Buchhalters zu lauschen. Da wird berichtet, dass Spieler X beim letzten Spiel eine Strecke von 13,8 km zurücklegte, Mannschaft Y dabei 28 Torschüsse abgab und Trainer Z in seiner Karriere schon fünfmal auf die Tribüne verbannt wurde. Während einer Bundesligasaison registrieren Statistiker über 1 Mio. Spielaktionen. Aber trotz dieser riesigen Datenbasis lassen sich – glücklicherweise – auch heute die Ergebnisse zukünftiger Spiele nicht mit Sicherheit vorhersagen. Sportwetten bleiben also ein Glücksspiel. Damit sind wir bei dem zweiten Einsatzgebiet der Statistik in Spiel und Sport: der Beschreibung von Spielen mithilfe von Wahrscheinlichkeiten. Historisch gesehen war dies sogar der

© Springer-Verlag GmbH Deutschland, ein Teil von Springer Nature 2018
B. Christensen und S. Christensen, *Achtung: Mathe und Statistik,*
https://doi.org/10.1007/978-3-662-57739-4_2

Ausgangspunkt für die Behandlung von Zufall mithilfe der Mathematik. Darum geht es in diesem Kapitel.

Die „Irrsinn-Formel"

Vieles hat bei der Europameisterschaft 2016 die Gemüter bewegt: spannende Spiele, tolle Tore, aber auch der Turniermodus. Bei diesem haben sich nämlich aus den sechs Gruppen mit insgesamt 24 Mannschaften in der Vorrunde 16 für die Achtelfinals qualifiziert. Das heißt, dass – neben den Gruppenersten und -zweiten – auch die besten vier Vorrundendritten in die K. o.-Runde einziehen konnten. Die genaue Zuordnung der Achtelfinals war dabei gar nicht so leicht zu durchblicken. Ein großes deutsches Boulevardblatt hatte den Schuldigen für diesen „Irrsinn" auch schnell gefunden: Die UEFA nutze nämlich eine komplizierte Formel, die die Achtelfinals „berechnet":

$$\binom{6}{4} = \frac{6!}{4!(6-4)!} = \frac{6 \times 5}{2} = 15.$$

Hier wird selbst manch mathematisch Interessierter schaudern. Aber das Blatt weiß auch „Die UEFA hat die Formel nicht erfunden. Die FIFA hat sie auch bei ihren Weltmeisterschaften 1986, 1990 und 1994 mit je 24 Teams genutzt."

Als erstes stellt sich die Frage, was vom Achtelfinale da überhaupt berechnet wird. Wer etwas von Kombinatorik versteht, merkt, dass hier mittels Binomialkoeffizient die Anzahl von Möglichkeiten berechnet wird, aus einer Menge mit 6 Elementen (nämlich den 6 Drittplatzierten)

4 Elemente (nämlich die Teilnehmer für das Achtelfinale) auszusuchen, und das sind 15 Möglichkeiten. Wer möchte, kann das auch ohne die „Irrsinn-Formel" bestimmen. Hierzu macht man sich klar, dass es zu jeder Gruppe von 4 besten Drittplatzierten eine Zweiergruppe von Ausgeschiedenen gibt. Diese Zweiergruppe entstammt jeweils zwei verschiedenen Vorrundengruppen (A bis F) und kann sich wie folgt zusammensetzen: (A;B), (A;C), (A;D), (A;E), (A;F), (B;C), (B;D), (B;E), (B;F), (C;D), (C;E), (C;F), (D;E), (D;F), (E;F). Das sind 15 Zweiergruppen von ausscheidenden Mannschaften und dementsprechend ebenso viele Vierergruppen von Teilnehmern am Achtelfinale.

Die Formel gibt aber natürlich keinerlei Auskunft darüber, welche Achtelfinalpaarungen nun daraus gemacht werden. Das hat die UEFA einfach nach anderen Kriterien festgelegt. Für jede der 15 Möglichkeiten wurde der Spielplan so entworfen, dass Mannschaften, die bereits in der Vorrunde gegeneinander spielten, nicht vor dem Halbfinale erneut aufeinandertreffen. Mit der „Irrsinn-Formel" von oben hat das aber natürlich nichts zu tun.

Das Sammelfieber

Gehen große Fußballturniere dem Ende entgegen, wird dem einen oder anderen langsam mulmig, weil das obligatorische Panini-Sammelalbum längst noch nicht voll ist. Und tatsächlich war es bei der Weltmeisterschaft 2018 eine besondere Herausforderung, alle Lücken im Album mit Stickern zu füllen, da das Heft 682 Bilder umfasste. Und gerade die letzten noch fehlenden Sticker in den gekauften Tüten vorzufinden, ist besonders unwahrscheinlich, wie man sich leicht überlegen kann: Stellen Sie sich vor, Sie haben bisher schon die Hälfte des Albums gefüllt. Wenn Sie nun einen neuen Sticker kaufen, beträgt die Wahrscheinlichkeit genau 50 %, dass Sie diesen noch nicht besitzen. Wenn Sie bereits 80 % des Albums mit Stickern beklebt haben, liegt die Wahrscheinlichkeit für neue Bilder nur noch bei 20 %. Und bei den letzten noch verbleibenden 17 Stickern ist die Wahrscheinlichkeit, gerade diese vorzufinden, mit 2,5 % wirklich niedrig. Auf einen noch fehlenden Sticker kommen also im Mittel 39 nutzlose doppelte Sticker!

Wenn Sie den Ehrgeiz haben, ganz ohne Tauschen das Heft komplett zu befüllen, hängt die Menge der notwendigen Sticker natürlich sehr von Ihrem Glück ab. Man kann aber ausrechnen, dass Sie dafür im Mittel 4828 Bilder kaufen müssten. Da in jeder Tüte fünf Sticker sind und eine Tüte 70 ct kostet, hätten Sie in diesem Fall für die Bilder 675,92 € ausgeben müssen – ein enormer Betrag, den man alternativ auch für etliche Besuche von Fußballspielen im Station investieren könnte!

Aber natürlich wird kaum jemand versuchen, sein Heft ohne zu tauschen zu füllen. Denn das Tauschen macht nicht nur den größten Teil des Spaßes aus, sondern spart auch viel Geld. Und wenn einem nur noch 50 Sticker fehlen, gibt es auch die Möglichkeit, diese für je 20 ct direkt bei Panini nachzubestellen. Mehr als 50 Bilder werden aber nicht an eine Adresse versandt. Wer nun allerdings ins Grübeln kommt, dem fällt vielleicht spontan ein, dass Tante Gerda, Onkel Leopold und Oma Hermine auch noch Aufkleber fehlen… Und das Sammelalbum füllt sich wie von selbst.

Verflixte Tipprunde

Friedhelm ist unsicher. Die Kollegenschaft hat ihn gefragt, ob er auch anlässlich der WM in Russland wieder an einer firmeninternen Tipprunde teilnehmen will. Eigentlich sollte die Teilnahme natürlich Ehrensache sein, gerade für ihn, da er sich doch selber als Fußballexperte bezeichnen würde, der kaum ein Spiel als Fernsehzuschauer oder sogar Besucher auf der Tribüne verpasst. Aber bei der letzten Tipprunde hat der völlig fußballuninteressierte Markus aus der Buchhaltung den Sieg eingefahren. Und davor war es mit großem Abstand Monika, die von sich selber sagt, dass sie die Regeln beim Fußball noch nie verstanden hat. Diese Schmach möchte er sich bei der anstehenden Tipprunde gerne ersparen. Warum haben auch immer die absoluten Laien derart großes Glück bei den Tipprunden?

Tatsächlich stellen sich vermutlich viele Fußballaffine diese Frage. Und wenn man sich umhört, scheint es kein großer Vorteil zu sein, tiefere Kenntnisse vom Fußball zu besitzen, um als Champion aus den Tipprunden hervorzugehen. Um das zu verstehen, kann die Statistik helfen.

Zum einen ist es so, dass der Zufall einen enormen Anteil an den Spielausgängen hat. So zeigen verschiedene Studien, dass zwischen gut 50 % bis über 80 % des Spielausgangs auch durch Einbeziehung aller verfügbaren Informationen nicht erklärt werden können. Hier wirkt also allein der Zufall, sodass sich Expertenwissen kaum auszahlt. Zum anderen gelten viele vermeintliche Fußballweisheiten gar nicht. Empirisch belegt sind z. T. ausgeprägte „negative Läufe" von Mannschaften, während „positive Läufe" nicht im gleichen Ausmaß auftreten. Und selbst wenn bestimmt Gesetzmäßigkeiten gelten, ist es enorm schwer, diese in ihrer unterschiedlichen Bedeutung für eine Prognose zu gewichten. Und wenn schon der Sieger des Spiels derart schwer zu prognostizieren ist, dann ist leicht einzusehen, wie schwer es ist, auch noch die richtige Toranzahl zu tippen. Und auch diese entscheidet ja bei den meisten Tipprunden mit über Sieg und Niederlage der Tippenden.

Diesem Dilemma kann man also nur entfliehen, wenn die Tipprunde möglichst klein ist; im Extremfall natürlich, wenn man alleine tippt. Aber dabei sieht selbst der frustrierte Friedhelm ein, dass dann das Tippen keinen Spaß macht, und so gibt er sich einen Ruck und wird wohl auch dieses Mal wieder um seine Fußballexpertenehre kämpfend mittippen.

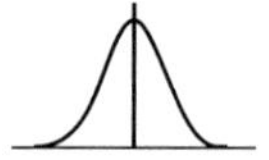

Sind fast alle Fans Akademiker?

Zum Start der Bundesligasaison 2016 gab es in vielen Zeitungen Folgendes zu lesen: „Mehr als die Hälfte (63,5 %) der HSV-Fans hat einen Hochschulabschluss." Damit liegen die Hamburger bei der Akademikerrate aber sogar noch hinter den meisten anderen Proficlubs. Werder Bremen etwa kommt sogar auf über 70 %.

Vielleicht reiben auch Sie sich jetzt verwundert die Augen. Schließlich hat in der Gesamtbevölkerung nicht einmal jeder Fünfte einen Uni- oder FH-Abschluss. Im täglichen Leben kann man vermutlich auch nicht feststellen, dass sich Menschen mit einer Ausbildung außerhalb einer Hochschule heute kaum noch für die Bundesliga interessieren würden. Dabei wurden in der Analyse die Angaben von sage und schreibe 45.000 Personen ausgewertet. Mit zu wenig Daten kann das Ergebnis also nicht erklärt werden. Auf den ersten Blick bleibt der Leser mit dieser Meldung etwas ratlos zurück.

Das Rätsel lässt sich lüften, wenn man beachtet, woher die Statistik stammt. Die Auswertung wurde vom sozialen Netzwerk XING durchgeführt. Dieses wird vor allem als Plattform für Geschäftsnetzwerke im deutschsprachigen Raum genutzt. Die Mitglieder sind also zu einem großen Teil Geschäftsleute, die dort ihre beruflichen Kontakte pflegen. Unter ihnen gibt es natürlich eine große Zahl an Akademikern, entsprechend also auch unter den Fußallfans in diesem sozialen Netzwerk. Korrekt müsste die Schlagzeile also lauten „Mehr als die Hälfte (63,5 %) der HSV-Fans im sozialen Netzwerk XING hat einen

Hochschulabschluss." Und diese Meldung ist dann schon deutlich weniger erstaunlich und interessant. Auch in Zukunft wird man also den Handwerker, Lageristen oder Facharbeiter ebenfalls im Stadion antreffen können.

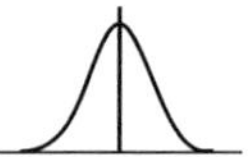

Mit Zahlen gegen Spielsucht

Dass der wesentliche Schwerpunkt einer Therapie für Suchtkranke vor allem in Mathematik und Statistik bestehen kann, ist wohl eher überraschend. Wissenschaftler der Universität Sydney haben einen solchen Therapieansatz aber tatsächlich ausprobiert und dabei sehr gute Erfolge erzielt. Konkret geht es um die Therapie von Spielsucht, von der auch hierzulande viele Menschen betroffen sind. Ausgangspunkt der von einer Gruppe um Dr. Fadi Anjoul entwickelten Methode war, dass nahezu alle behandelten Spielsüchtigen die gleichen falschen Vorstellungen von der Funktionsweise von Spielautomaten teilten. So waren alle davon überzeugt, dass die beliebten Pokerautomaten so programmiert seien, dass sie immer einen festen Teil der Einsätze als Gewinn ausspucken und dass dies in Zyklen geschehe. Dies führte insbesondere dazu, dass die Spieler nach einer langen Pechsträhne unter keinen Umständen aufhören wollten zu spielen, weil sie von einem baldigen Gewinn überzeugt waren. Sobald andererseits ein Gewinn eingetreten war, gingen sie davon aus, dass der Spielautomat nun im „Ausschüttungsmodus" sei und weitere Gewinne folgen würden, was wiederum zum Weiterspielen animierte. In Wahrheit sind die Ausschüttungen nahezu aller öffentlichen Spielautomaten aber rein zufällig, und die Ausschüttungen in den jeweils vergangenen Spielrunden haben keinen Einfluss auf die weiteren Runden. Die Fehleinschätzungen der Funktionsweise veranlassen die Betroffenen aber zu fortwährend intensiverem Spielen mit Suchtfolge.

Die in der Spielsuchtklinik der Universität Sydney erprobte Therapie besteht nun darin, den Betroffenen die Mathematik des Glücksspiels näherzubringen. Nach dem Studium einfacher Regeln der Wahrscheinlichkeitsrechnung können sich die Teilnehmer dann selbst davon überzeugen, dass ihre bisherigen Einschätzungen zum Glücksspiel schlicht falsch waren. Mit dieser Erkenntnis ist dann der Weg aus der Sucht oft einfacher zu finden, wie die positiven Ergebnisse erster Erprobungen des Therapieansatzes zeigen. Es bleibt zu hoffen, dass diese Erkenntnisse auch auf Dauer zu einem Besiegen der Spielsucht beitragen können.

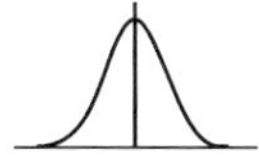

Die perfekte Laufstrategie

Stadt-Marathons sind heute Massenveranstaltungen. Und jeder, der schon einmal selbst bei einem solchen Ereignis am Start war, ist mit der Frage konfrontiert, wie man die eigenen Kräfte am besten einteilen sollte. Sollte man zu

Beginn ein hohes Tempo wählen und hoffen, dass man die zweite Hälfte dann noch irgendwie übersteht? Oder sollte man es vielleicht besser ruhig angehen und erst danach das Tempo steigern? Rein wissenschaftliche Aussagen dazu sind nicht ganz einfach zu treffen. Immer wieder wird in diesem Zusammenhang aber der amerikanische Mathematiker Joseph Keller zitiert, der in den 70er-Jahren des vorigen Jahrhunderts propagierte, das Tempo über die gesamte Distanz möglichst konstant zu halten. Dadurch wird die Menge an Sauerstoff über die ganze Laufdistanz optimiert.

Menschen sind aber keine Maschinen. Und so hegen viele Läufer Zweifel an dieser einfachen Lösung. Aus dieser Motivation heraus haben sich zwei französische Mathematiker nun dieses Problems detaillierter angenommen. Dazu haben sie ein Modell aufgestellt, bei dem sie von zwei einfachen physikalischen Grundprinzipien ausgehen: Die Energie wird erhalten (Energieerhaltungssatz: Energie kann in verschiedene Formen umgewandelt werden, geht in einem geschlossenen System aber nicht verloren) und die Beschleunigung ist proportional zur Summe aller wirkenden Kräfte. Dies führt zu Gleichungen, in die die entscheidenden Körpermerkmale des Läufers einfließen. Die mathematische Herausforderung dabei war, eine Lösung dieser komplizierten Gleichungen mithilfe eines Computers zu finden. Als Ergebnis zeigte sich, dass es keine allgemeingültige optimale Strategie gibt. Wohl aber ergibt sich für jeden Läufer eine individuelle optimale Strategie, die durchaus auch Tempounterschiede enthalten kann.

Die Autoren planen, aus ihrer Theorie ein eigenes Programm zu entwickeln, das jedem Läufer individuelle

Ratschläge gibt. Aber auch wer nicht viel von solchen mathematischen Hightech-Tools im Sport hält, kann in jedem Fall die Erkenntnis mitnehmen, dass die ideale Laufstrategie durchaus von Person zu Person verschieden ist und ein bedingungsloses Halten des Tempos nicht für jeden die richtige Strategie ist.

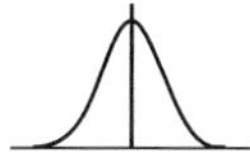

Bundesjugendspiele I

Tim freut sich diebisch. Seit er denken kann, hat er das Gefühl, schulisch im Schatten seines Zwillingsbruders Lukas zu stehen. Besonders in Mathe ist Lukas ein Ass und Tim hat seine Schwierigkeiten. Doch nun stehen in der Schule die Bundesjugendspiele an, und Lukas ist eher unsportlich, während Tim eine Sportskanone ist. Da sollte Tim doch endlich einmal glänzen können!

Die beiden Brüder gehen auf unterschiedliche Schulen. Lukas' Schule hat einen mathematischen Schwerpunkt und – wie Tim findet – besonders viele unsportliche Schüler. Tims Schule hingegen ist für ihre sportliche Ausrichtung bekannt. Beide Schulen führen die Bundesjugendspiele als Wettbewerb durch. Dabei sind nicht die klassischen Disziplinen Grundlage, sondern eher spielerische Disziplinen mit kreativen Ergänzungen. Tim stört das nicht, denn trotzdem sind natürlich auch bei diesen neuen Disziplinen sportliche Schüler besonders gut.

Nachdem die Bundesjugendspiele stattgefunden haben, werden an beiden Schulen am gleichen Tag die Urkunden überreicht. Tim erhält eine kleine Urkunde (Siegerurkunde) und ist ein wenig enttäuscht, denn eigentlich hatte er auf eine große Urkunde (Ehrenurkunde) gehofft. Wirklich niedergeschlagen ist er aber erst, als er nach Hause kommt und Lukas ihm stolz seine große Urkunde unter die Nase hält – das kann doch nun wirklich nicht sein!

Tatsächlich ist Tims Enttäuschung nachzuvollziehen. Der Grund dafür liegt aber nicht in den Leistungen der beiden Brüder, sondern in den Wertungsregeln des Wettbewerbs bei den Bundesjugendspielen. Anders als beim sogenannten Wettkampf werden die Urkunden beim Wettbewerb nicht nach absoluter Leistung, sondern lediglich im Vergleich mit den anderen Schülern der Klasse oder der Jahrgangsstufe gewertet. Die besten 20 % erhalten eine Ehrenurkunde, die mittleren 50 % eine Siegerurkunde und die schlechtesten 30 % erhalten eine Teilnehmerurkunde – ganz unabhängig davon, wie objektiv sportlich sie sind. Weil Tim in einer sportlichen Klasse ist, kann er zwar besser als sein gleichaltriger Bruder sein, im Vergleich mit seinen Klassenkameraden ist er aber nur mittelmäßig. Lukas in der unsportlichen Klasse kann eine sehr schlechte Leistung zeigen, sofern seine Klassenkameraden aber noch schlechter sind, kann er mit einer großen Urkunde glänzen.

Tim hofft jetzt darauf, dass solche Maßstäbe in Zukunft auch bei den Mathenoten angewandt werden. Dann könnte er seinem Bruder vielleicht auch dort einmal voraus sein.

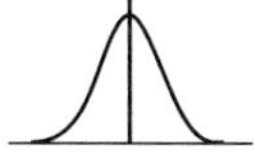

Bundesjugendspiele II

Neben der kuriosen Verteilung der Urkunden bei den Bundesjugendspielen, gibt es aus statistischer Sicht noch weitere diskussionswürdige Aspekte. So kommt es für den Ausgang des Wettbewerbs oft nicht darauf an, welche genaue Zeit jemand für den Lauf gebraucht hat oder wie weit er gesprungen ist. Der Grund liegt darin, dass die Punktzahl ausschließlich über die sogenannten Ränge berechnet wird.

Worum handelt es sich dabei? – Dies kann am einfachsten an einem Beispiel nachvollzogen werden. Vielleicht kennen Sie den Comic „Asterix bei den Olympischen Spielen". In einer Szene überqueren die römischen Läufer alle exakt zur gleichen Zeit die Ziellinie. Stellen wir uns in Anlehnung daran nun vor, dass in einer Klasse mit 21 Schülern bei einem 50-Meter-Lauf genau zehn Schüler extrem stark sind und alle gemeinsam exakt nach 7 s die Ziellinie überqueren. Eine zweite Gruppe von zehn Schülern ist deutlich langsamer und alle überqueren die Ziellinie exakt nach 14 s. Nach welcher Zeit nun der verbliebene 21. Schüler mit mittleren Lauffähigkeiten die Ziellinie überquert, ist in den meisten Fällen für seine Punktbewertung vollkommen unerheblich: Egal ob er für die 50-Meter-Strecke 7,1 s oder 13,9 s braucht, für ihn fließt lediglich in die Wertung ein, dass er beim Laufen als

11. durch das Ziel gekommen ist. Wenn er also nur kaum messbar langsamer als die Gruppe der schnellen Schüler ist, kann er sich auch Zeit lassen und bummeln, solange er ein wenig schneller als die Gruppe der langsamen Schüler ist. Für die Wertung ist dieser Unterschied irrelevant.

Nach diesem Schema wird jede der Disziplinen beim Wettkampf bewertet, es wird also jeweils nur gezählt, den wievielten Rang der Schüler belegt hat. Die Gesamtbewertung erfolgt dann nach der Summe der Ränge.

Wenn nun mache glauben, eine Erklärung für ihre eigene Leistungsbewertung bei vergangenen Bundesjugendspielen gefunden zu haben, dann sei noch gesagt, dass das beim „Wettbewerb" angewendete Rang-Bewertungsschema nicht für den klassischen „Wettkampf" gilt, den die meisten noch aus ihrer Schulzeit kennen werden und den die Schulen auch heute noch durchführen können. Aber auch beim Wettkampf gibt es potenzielle Ungerechtigkeiten, wie wir im nächsten Beitrag erläutern werden.

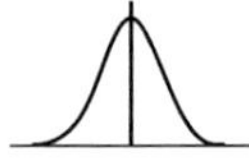

Bundesjugendspiele III

Weiter geht es mit den Bundesjugendspielen. Denn auch heute noch besteht für die Schulen die Möglichkeit, den von vielen aus eigenen Schulzeiten vermutlich bestens bekannten „Wettkampf" ab Klassenstufe 3 durchzuführen. Dabei wird die jeweilige absolute Leistung der Schüler in Punkte umgerechnet, die am Ende zu einem

Gesamtergebnis führen. Doch auch dabei gibt es einen interessanten Aspekt, nämlich das Problem der Dezemberkinder. Als Eltern werden Sie nun schon ahnen, worauf wir hinauswollen.

Der Hintergrund ist, dass das Alter der Schüler für die Leistungsfähigkeit eine besonders große Rolle spielt. Ob ein Schüler etwa gerade acht geworden ist oder ein anderer zeitnah neun wird, zeigt sich meist schon im Unterschied der Körpergröße. Besonders beim Weitsprung oder beim Sprint macht sich dies natürlich stark bemerkbar. Genauer untersucht sind die Auswirkungen des Altersunterschieds z. B. bei den DFB-Nachwuchskickern. Um in die Kaderauswahlen aufgenommen zu werden, hat der DFB Stichtage festgelegt. Dabei zeigt sich, dass Kinder überdurchschnittliche Aufnahmechancen haben, die zum Stichtag besonders alt waren. Kinder, die zum Stichtag besonders jung waren, werden hingegen viel seltener ausgewählt. Beim DFB hat dieses zu Diskussionen darüber geführt, ob man möglicherweise Talente nicht erkennt, weil sie zum Auswahlstichtag schlicht aufgrund ihres Geburtsmonats zu jung waren.

Aber zurück zum Wettkampf bei den Bundesjugendspielen. Das Problem der reinen Berücksichtigung des Jahres liegt in diesem Fall genauso vor, denn die Schwellen für das Erreichen einer Urkunde liegen für alle Kinder eines Geburtsjahres identisch nach der Gesamtpunktzahl, der Geburtsmonat spielt keine Rolle. Dabei ließe sich der Geburtsmonat einfach berücksichtigen. Denn schon heute werden vermutlich die meisten Lehrerinnen und Lehrer das Online-Tool des Bundesministeriums für Familie, Senioren, Frauen und Jugend nutzen, um Punkte und Urkunden auszurechnen. Und dabei ließen sich die Urkunden natürlich einfach nach dem Geburtsmonat differenziert zuordnen. Heute bekommen alle Mädchen, die in diesem Jahr acht Jahre alt werden, ab 625 Punkten und alle Mädchen, die in diesem Jahr neun werden, ab 725 Punkten eine große Urkunde. Man könnte für jeden zusätzlichen Altersmonat die Grenze um 100/12 Punkte nach oben verschieben und der Dezemberkindereffekt wäre weitestgehend beseitigt.

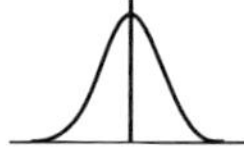

Kampfrichter beim Boxen

Die Halle tobt. Der Boxkampf des Jahres ist gerade zu Ende gegangen und war bis zum Ende spannend. Und Sie sind am Ring. Nicht nur das, Sie sind einer der Kampfrichter und entscheiden an diesem Abend mit, wer die knappe letzte Runde gewonnen hat und damit als Sieger den Ring verlässt. Trotz aller Sorgfalt bei der Beobachtung des Kampfes wissen Sie, dass auch Sie danebenliegen können. In so knappen Situationen passiert Ihnen dies im Durchschnitt bei jedem fünften Mal. Aber Sie entscheiden nicht allein, sondern zusammen mit zwei Kollegen. Diese sind beide erfahrener als Sie und liegen noch seltener daneben. Dem ersten Kampfrichter passiert das nur bei jedem zwanzigsten Mal, dem zweiten bei jedem zehnten. Am Ende zählt der Mehrheitsentscheid. Sie alle drei entscheiden dabei eigentlich unabhängig voneinander.

Eigentlich – denn bei diesem Kampf haben Sie zufällig die Entscheidung des ersten Kampfrichters mitbekommen, bevor Sie Ihre Einschätzung bekanntgegeben haben.

Das macht Sie jetzt nervös. Der erste Kampfrichter ist schließlich sehr erfahren, und Sie liegen im Durchschnitt viermal so oft falsch wie dieser. Sollten Sie vielleicht dessen Einschätzung einfach übernehmen? Vielleicht wird sonst nur aufgrund Ihrer Fehleinschätzung der falsche Boxer zum Sieger erklärt.

Hier hilft ein wenig Statistik weiter. Wenn Sie einfach die Einschätzung des Kollegen übernehmen, dann spielt die Einschätzung des zweiten Kampfrichters keine Rolle mehr. Der vom ersten Kampfrichter Auserkorene bekommt dann den Siegeskranz umgehängt. Das passiert bei jedem zwanzigsten Mal zu Unrecht, also in 5 % der Fälle. Wenn Sie sich hingegen nicht beeinflussen lassen, dann jubelt der Falsche nur dann, wenn mindestens zwei Kampfrichter danebenliegen. Die Wahrscheinlichkeit ist etwas schwieriger zu berechnen. Dass Kampfrichter 1 korrekt entscheidet (100 % − 5 % = 95 %) und Ihr Kollege 2 (10 %) und Sie (20 %) danebenliegen, passiert in 95 % × 10 % × 20 % = 1,9 % der Fälle. Bei allen anderen Fehlentscheidungen muss Kampfrichter 1 und ein weiterer danebenliegen. Zählt man diese Fälle zusammen, kommt man auf eine Wahrscheinlichkeit von 1,4 %. Die Fehlentscheidungsquote liegt also bei unabhängiger Entscheidung bei 1,9 % + 1,4 % = 3,3 %, also deutlich niedriger, als wenn Sie sich beeinflussen lassen. Auch wenn Ihr Kollege also erfahrener ist, sollten Sie bei Ihrer Einschätzung bleiben. Dass drei Kampfrichter unabhängig voneinander entscheiden, stellt also ein möglichst gerechtes Ergebnis sicher.

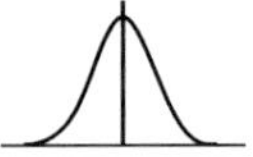

König aller Glückspilze

In unserem ersten Buch haben wir die Frage diskutiert, ob es wahrscheinlicher ist, im Lotto zu gewinnen oder von einem Blitz getroffen zu werden. Die kurze Antwort darauf ist: Das ist gar nicht leicht zu sagen, auf jeden Fall ist aber beides sehr unwahrscheinlich. Vor diesem Hintergrund ist die Geschichte des Kanadiers Peter McCathie, die im Sommer 2015 große Beachtung in den Medien fand, wirklich kaum zu glauben. Denn dieser überlebte als 14-jähriger einen Blitzeinschlag bei einer Bootstour und später gewann er im Lotto! Und es wird noch unglaublicher: Auch seine Tochter wurde vor einiger Zeit schon vom Blitz getroffen.

So wurde Peter McCathie in vielen Zeitungen als König aller Glückspilze bezeichnet. Und tatsächlich sind der glückliche Ausgang eines Blitzschlags und der anschließende Lottogewinn bemerkenswert. Natürlich wurde auch gleich die Statistik bemüht, um auszurechnen, wie unwahrscheinlich der doppelte Blitzeinschlag und der Lottogewinn denn nun wirklich sind. Eine von ABC News befragte Mathematikprofessorin kam auf eine Wahrscheinlichkeit von 1:2,6 Bio., eine Zahl mit 13 Stellen hinter dem Komma!

Das Schicksal von Peter McCathie hätte also fast sicher niemand vorhersagen können. Aber das hat natürlich auch niemand getan. Aber ob es irgendeinen Menschen auf der ganzen Welt gibt, dem etwas Vergleichbares passiert, ist eine ganz andere Frage. Wenn man einschätzen will, wie selten solche Ereignisse wirklich sind, hilft es vielleicht zu wissen, dass allein in Deutschland etwa 100 Menschen pro Jahr einen Blitzschlag überleben. Da der Blitzschlag ja auch – wie bei Peter McCathie – länger zurückliegen kann, leben also vermutlich einige tausend Überlebende eines Blitzeinschlags in Deutschland. Gleichzeitig gab es hierzulande allein im vergangenen Jahr fast 100 Lotto-millionäre. Über längere Zeiträume sollte die Kombination „Überleben eines Blitzeinschlags und Lottomillionär" also gar nicht so unwahrscheinlich sein. Außerdem gibt es außer Lottogewinn und Blitzschlag auch noch viele andere extrem unwahrscheinliche Ereignisse. Und bei weltweit vielen hundert wöchentlichen Lottogewinnern findet sich bestimmt oft jemand, der schon etwas sehr Ungewöhnliches erlebt hat.

Bisher haben wahrscheinlich viele solcher Geschichten die Öffentlichkeit gar nicht erreicht. Wenn sich aber in Zukunft Lottogewinner vermehrt den Medien zuwenden, werden wir immer wieder Geschichten wie die von Peter McCathie zu lesen bekommen.

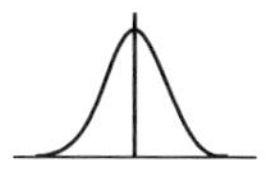

Katzen am Fresstrog

Max und Moritz haben sich von ihrer Tante Hedwig dazu überreden lassen, einen Abend auf deren Katzen aufzupassen. Tante Hedwig ist nämlich eine große Katzenfreundin, und in ihrem Haus wimmelt es von den pelzigen Vierbeinern. Nun sitzen Max und Moritz etwas gelangweilt in der Küche und beobachten, wie die hungrigen Tiere fressen. Dabei ist in einer Fressschüssel Trockenfutter, in der anderen Feuchtfutter. Max und Moritz haben den Eindruck, dass die Katzen absolut zufällig mal die eine, mal die andere Schüssel ansteuern.

So entscheiden sich die beiden, ihre Langeweile durch ein Spiel zu vertreiben. Moritz schlägt vor, dass sie versuchen, die Wahl der Fresströge durch die Katzen vorherzusagen. Max soll anfangen und eine Folge von drei Wahlentscheidungen angegeben, etwa TFF für „Trockenfutter, Feuchtfutter, Feuchtfutter". Darauf nennt dann Moritz eine andere Folge. Es gewinnt derjenige, dessen Folge zuerst von den Katzen gewählt wird.

Auch wenn Moritz oft fiese Tricks auf Lager hat, so lässt sich Max doch auf das Spiel ein. Schließlich kann er ja zuerst bestimmen, welche Folge er nehmen möchte. Max wählt als erstes dreimal Feuchtfutter, also FFF, und Moritz TFF. Die Katzen sind noch nicht satt und kommen weiter in rascher Folge zu den Trögen. Nach kurzer Zeit taucht dann tatsächlich Moritz Folge auf, sodass die erste Runde an ihn geht. Max versucht es jetzt mit der vorigen Gewinnerfolge TFF, Moritz entscheidet sich für TTF.

Auch diese Runde geht an Moritz. Genau wie fast alle weiteren. Egal, was Max auch wählt, Moritz findet immer eine andere Folge, mit der er deutlich häufiger Sieger wird. Aber wie macht er das?

Moritz Gewinnstrategie ist wie folgt: Nach Max Wahl nimmt Moritz als erstes immer das Gegenstück der mittleren Wahl von Max, gefolgt von den ersten beiden Wahlen von Max. Auf FF„wasauchimmer" nimmt er TFF, auf TF„wasauchimmer" nimmt er also TTF usw. Damit ist er immer im Vorteil und gewinnt im Mittel mindestens doppelt so oft wie Max. Er hat auf jede Wahl von Max die richtige Antwort parat.

Betrachten wir zur Erklärung etwa Max erste Wahl FFF: Wenn die Folge von Max nicht zufällig sofort zu Beginn kommt, dann muss vorher einmal das Trockenfutter T aufgesucht worden sein. Das heißt dann aber automatisch, dass Moritz mit seiner Wahl TFF gewinnt, sobald zweimal F auftritt. Ähnlich – wenn auch nicht so einfach intuitiv zu verstehen – ist es bei anderen Konstellationen; immer ist es wahrscheinlicher, dass zuerst Moritz Wahl geworfen wird.

Wenn Sie den Trick auch einmal ausprobieren möchten, dann nehmen Sie anstelle von Katzen vielleicht einfacher eine Münze oder sagen „rot" oder „schwarz" beim Aufdecken eines Kartenspiels voraus.

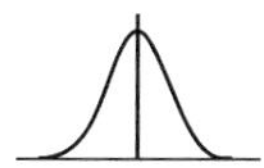

Pleite im Casino

Wolfgang und Herbert verbringen zusammen mit ihren Frauen den Sommerurlaub. Aber Wolfgang will nicht nur am Strand liegen. „Herbert, wir ziehen uns heute Abend ein feines Hemd an und besuchen das Casino. Da versuchen wir dann mal unser Glück", schlägt Wolfgang vor. Aber Herbert ist skeptisch: „Im Casino kann man richtig viel Geld verspielen. Da trinke ich lieber hier am Strand noch ein leckeres Kaltgetränk." „Aber vielleicht gewinnen wir ja auch", sagt Wolfgang, „dann können wir morgen Abend eine große Sause machen. Wir müssen ja auch nicht so risikoreich spielen. Wir nehmen 25 € mit und setzen beim Roulette einfach in jeder Runde 1 € auf Rot. Wenn wir das Geld verspielt haben, dann gehen wir wieder. Und wenn die Kugel uns wohlgesonnen ist, dann warten wir, bis sich unser Startkapital verdoppelt hat und gehen dann mit 50 € nach Hause." Das überzeugt Herbert: „Na gut, 25 € sind ja nicht zu viel. Und vielleicht gewinnen wir ja auch. In jeder Runde kann ja nur Rot oder Schwarz fallen. Damit stehen die Chancen 50 zu 50. Das können wir riskieren."

Nun mischt sich aber Herberts Frau Monika ein: „Ihr wollt ins Casino gehen, kennt aber noch nicht einmal die Regeln richtig. Denkt daran, dass es auch noch ein Feld mit einer Null gibt. Da gewinnt dann immer die Bank. Es gibt 18 rote Felder, bei denen ihr gewinnt, und 18 schwarze und die Null bei denen ihr verliert. Die Wahrscheinlichkeit zu gewinnen beträgt also nur $18/37 = 48{,}6\,\%$." Aber Wolfgang kontert: „Das sind doch fast 50 %. Das macht doch keinen Unterschied. Dann gewinnen wir eben mit unserer Strategie nicht in 50 % der Fälle, sondern etwas seltener." Aber Monika legt nach: „Ihr verliert in jeder Runde im Schnitt immer ein bisschen. Bis ihr eure Strategie – entweder alles verloren oder Startkapital verdoppelt – umgesetzt habt, werden doch einige Runden vergangen sein. Dass ihr wirklich mit den 50 € nach Hause geht, dürfte damit recht unwahrscheinlich sein." Da hat Monika recht. Auch wenn die Null nur selten fällt, verringert sich die Wahrscheinlichkeit für eine Verdopplung des Startkapitals von Wolfgang und Herbert ganz massiv. Genauer kann man ausrechnen, dass sie nur noch gut 20 % beträgt. In vier von fünf Fällen gehen die beiden also mit leeren Taschen nach Hause. Und wenn das Casino – wie in Teilen der USA üblich – noch ein weiteres Feld mit einer „Doppelnull" hat, dann sinkt die Gewinnwahrscheinlichkeit schon auf unter 7 %. Das überzeugt auch die beiden Männer, sodass sie sich doch für das Kaltgetränk am Strand entscheiden.

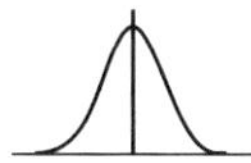

Das System

Stellen Sie sich vor, Sie finden in Ihrem Briefkasten Briefe eines anonymen Absenders, der behauptet, die Gewinner von Pferderennen sicher vorhersagen zu können. Zu Beginn würden Sie dessen Beteuerungen wahrscheinlich wenig Glauben schenken. Aber wenn er seine Fähigkeiten unter Beweis stellt, indem er Ihnen mehrmals hintereinander den richtigen Gewinner vorhersagt, könnten Sie sich vielleicht doch überzeugen lassen, oder?

So ging es zumindest einer Britin namens Kadisha vor einigen Jahren. Sie erhielt die Briefe vom britischen Zauberkünstler Derren Brown, der sie nach fünf korrekten Vorhersagen für seine Fernsehsendung „The System" von Kameras filmen ließ. Nach dieser magischen Leistung konnte Brown Kadisha davon überzeugen, beim sechsten Rennen ihr gesamtes Vermögen – insgesamt £ 4000 – auf ein bestimmtes Pferd zu setzen.

Aber wie konnte Brown seine Fähigkeiten bei den ersten fünf Rennen so eindrucksvoll unter Beweis stellen? Die Antwort ist, dass Brown keinerlei hellseherische Fähigkeiten hatte, sondern sein „System" folgendermaßen betrieb: Vor dem ersten Rennen kontaktierte er $6^5 = 7776$ Personen per Brief und teilte diese in 6 Gruppen auf. Bei jeder Gruppe tippte er auf ein anderes der sechs beteiligten Pferde, sodass er auf 1296 richtige Tipps kam. Die anderen Angeschriebenen flogen aus dem „System" heraus. In der nächsten Runde teilte er die Übriggebliebenen wieder und kam so auf $1296/6 = 216$ Personen mit zwei richtigen Vorhersagen und so weiter. Nach fünf Runden blieb nur noch Kadisha übrig, die ausschließlich richtige Vorhersagen erhalten hatte. Dass dies gerade Kadisha sein würde, wusste Brown natürlich vorher nicht, aber er konnte sich sicher sein, dass er durch sein System eine solche Person für seine Sendung finden würde, auch ohne dass er die geringste Ahnung von Pferderennen hatte.

So ist es auch nicht erstaunlich, dass Kadisha ihre £ 4000 beim sechsten Rennen eigentlich auf ein falsches

Pferd setzte. Um die Illusion der hellseherischen Fähigkeiten möglichst lange aufrechtzuerhalten, gelang es Brown aber geschickt, ihr im Nachhinein ihren Wettschein gegen einen Gewinnerschein auszutauschen. Und Kadisha konnte sich doch noch über einen Gewinn von £ 13.000 freuen.

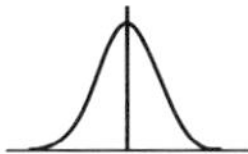

Triell

Wir schreiben das Jahr 1847. Graf von Duellhausen stöhnt auf. Schon wieder ist er zu einem Kampf mit tödlicher Schusswaffe um seine Ehre aufgefordert worden. Nun ist der Graf zwar duellerprobt, allerdings wurde er von gleich zwei Kontrahenten zu einem sogenannten Triell aufgefordert. Dabei schießen drei Schützen nacheinander mit jeweils einem Schuss so lange aufeinander, bis nur noch einer steht. Jeder Schütze darf sich einen Gegner für seinen Schuss aussuchen. Dabei darf der schlechteste Schütze beginnen, dann folgt der zweite, dann der beste, sofern diese dann noch dazu in der Lage sind. Der Graf war in jungen Jahren ein guter Schütze, nun im fortgeschrittenen Alter geht er davon aus, dass er mit einer Wahrscheinlichkeit von 1/3 trifft. Der eine Gegner, Junker von Zwisthausen, trifft in zwei von drei Fällen. Der andere, Baron von Streitberg, gilt als exzellenter Schütze. Er trifft immer.

Da der Graf das Triell beginnt, überlegt er, auf wen er anlegen soll. Intuitiv denkt er, dass ein Schuss gegen den zielsicheren Baron am sinnvollsten sein müsste. Dann rechnet er aber noch einmal nach. Sofern er mit Erfolg auf den Baron schießt, wäre als Nächster der Junker an der Reihe, der ihn mit 2/3 Wahrscheinlichkeit erschießen würde. Keine wirklich guten Aussichten. Wenn er stattdessen zuerst mit Erfolg auf den Junker schießen würde, wäre als Nächstes der Baron an der Reihe, der ihn sicher tödlich treffen würde. Noch schlechter.

Gibt es denn keine bessere Alternative? – Doch, die gibt es tatsächlich, denn die größte Überlebenswahrscheinlichkeit hat der Graf, wenn er den ersten Schuss in die Luft abgibt. Da kein Gegner getroffen wird, muss als Nächstes der Junker antreten, der vermutlich auf den Baron anlegen würde. Und egal ob er trifft oder nicht: Ein Gegner des Grafen wäre ausgeschaltet, und der Graf befände sich in einem Duell, bei dem er beginnen dürfte. Klar ist das, wenn der Junker trifft. Aber auch wenn nicht, würde der Baron im nächsten Schritt wohl den Junker ausschalten.

Tatsächlich lässt sich zeigen, dass mit der Strategie des ersten Schusses in die Luft die Überlebenswahrscheinlichkeit des Grafen auf 40 % steigen würde. Das ist zwar deutlich mehr als bei einem versuchten tödlichen Schuss, erscheint ihm aber immer noch nicht erstrebenswert. Zum Glück kräht nun der Hahn vor dem Schloss von Duellhausen, und der Graf schlägt die Augen auf. Träume können wirklich vertrackt sein.

Ein statistischer Kartentrick

Spieleabende sind wieder sehr beliebt, vielleicht ja auch bei Ihnen zu Hause. Einen dieser Abende können Sie nutzen, um Ihre Mitspieler mit folgendem Kartentrick zu überraschen, der auf Statistik basiert.

Bitten Sie einen der Mitspieler ein 52er-Kartenspiel gut zu mischen und alle Karten aufgedeckt hintereinander aufgereiht auf dem Tisch auszubreiten. Der Mitspieler darf nun eine der ersten zehn Karten wählen, ohne diese mitzuteilen. Anschließend durchläuft er die Kartenreihe, indem er – ausgehend von der gewählten Karte – so viele Schritte vorrückt, wie diese Karte zeigt. Ist die von ihm gewählte Karte also eine 4, so springt er, ausgehend von dieser, vier Karten weiter. Dort verfährt er wieder genauso: Ist diese Karte also etwa eine 6, so springt er anschließend sechs Karten weiter und so fort. Bei den Bildkarten muss man sich vorher darauf einigen, wie viele Karten man vorzieht. Dieses Verfahren wird dann so lange fortgesetzt, bis der Mitspieler den Zug nicht mehr ausführen kann, weil das Ende der Kartenreihe erreicht ist.

An dieser Stelle kommen nun Sie mit Ihren „Zauberkünsten" ins Spiel. Sie können nämlich – zumindest mit hoher Wahrscheinlichkeit – voraussagen, bei welcher letzten Karte der Mitspieler angelangt ist. Aber wie können Sie das anstellen? Schließlich wissen Sie ja nicht, von welcher Karte Ihr Mitspieler gestartet ist, und Ihre magischen Fähigkeiten sind vermutlich auch begrenzt. Sie wählen dazu ebenfalls eine der ersten Karten zufällig aus und durchlaufen die Kartenreihe nach der gleichen Regel wie der Mitspieler und nennen dann die Karte, auf der Sie selbst gelandet sind. Haben Sie nun zufällig die gleiche Startkarte wie Ihr Mitspieler gewählt, stimmt Ihre Prognose natürlich. Aber auch sonst liegen Sie sehr oft richtig, wie man sich leicht klarmachen kann: Wenn Sie während des Durchlaufens der Kartenreihe auch nur einmal auf einer Karte landen, die auch Ihr Mitspieler durchlaufen hat, muss Ihre Prognose stimmen, da Sie nun seinem Weg folgen. Sie liegen mit diesem Verfahren also nur dann daneben, wenn Ihre Reihe nicht ein einziges Mal den Weg des Mitspielers gekreuzt hat. Und dies ist sehr unwahrscheinlich, sodass Sie in etwa 90 % der Fälle mit Ihrer Prognose richtigliegen.

Der vorgestellte Trick lässt sich interessanterweise nicht nur bei Kartenspielen anwenden, sondern bildet auch die Grundlage einer wichtigen Beweistechnik in der Statistik, der sogenannten Kopplungsmethode.

Die Supermarkt-Flatrate – oder doch nicht?

Mit Gewinnspielen werden wir alle massenweise konfrontiert und meist erkennen wir schnell, dass die vermeintlichen Hauptgewinne doch nicht überzeugend sind oder die Gewinnchancen vermutlich so niedrig liegen, dass eine Teilnahme nicht lohnt.

Für einiges Aufsehen sorgte 2017 das Gewinnspiel einer norddeutschen Supermarktkette. Es handelte sich dabei um das sogenannte Lebensmittel-Lotto. Wer für mindestens 10 € in einer Filiale einkaufte, bekam kostenlos einen Teilnahmecoupon, um im Internet an dem Gewinnspiel teilnehmen zu können.

Neben kleineren Gewinnen, die unter allen Teilnehmern ausgelost wurden, wurde dabei als Hauptgewinn ein lebenslanges kostenfreies Einkaufen bis zu einem Maximalbetrag von 150.000 € ausgelobt, ein Gewinn also, der durchaus attraktiv erscheint. Doch kaum ein Kunde dürfte realisiert haben, dass der Hauptgewinn zumeist gar nicht ausgezahlt werden muss.

Um an dem Gewinnspiel teilzunehmen, musste man aus 49 Produkten sechs auswählen und zusätzlich ein siebtes Lieblingsprodukt angeben. Die Ähnlichkeiten zum Lotto sind beabsichtigt. Um zu gewinnen, mussten zuerst die sechs ausgewählten Produkte bei der Ziehung gezogen werden. Stimmte dann auch noch das in einer siebten Ziehung gezogene Lieblingsprodukt mit der eigenen Wahl überein, winkte der Hauptgewinn.

Aber bestand überhaupt eine realistische Chance auf einen Gewinn? Die Wahrscheinlichkeit hierfür lässt sich auch ohne tiefgehende Statistikkenntnisse leicht ausrechnen. Der Anfang ist dabei wie beim viel diskutierten Lotto: Wir nehmen an, die sechs Gewinnerprodukte plus das Lieblingsprodukt stehen schon fest, aber niemand kennt sie.

Beim Auswählen des ersten Produkts hat der Spieler dann genau 6 aus 49 Möglichkeiten, denn es ist ja egal, welches der sechs Gewinnerprodukte er zieht.

Für das zweite Produkt bleiben dann 5 aus 48 Möglichkeiten. Dieses Prozedere wiederholt sich, bis man das sechste Produkte mit einer einzigen aus 44 zieht. Insgesamt erhält man dann eine Wahrscheinlichkeit von $6/49 \times 5/48 \times 4/47 \times 3/46 \times 2/45 \times 1/44 = \mathbf{1/13.983.816,}$ die in keinem Bericht über das Standard-Lotto fehlen darf.

Nun muss der Spieler aber auch noch das korrekte Lieblingsprodukt aus den verbleibenden 43 Produkten wählen, was einer Wahrscheinlichkeit von 1 zu 43 entspricht. Damit reduziert sich die Wahrscheinlichkeit auf den Hauptgewinn also auf etwa 1 zu 600 Mio. Selbst ein Sechser mit Zusatzzahl beim Lotto 6 aus 49 ist damit noch über viermal wahrscheinlicher.

Da Lotto 6 aus 49 jede Woche millionenfach gespielt wird, gibt es auch regelmäßig Spieler, die den Jackpot tatsächlich knacken. Musste also auch der Handelskonzern damit rechnen, den Hauptgewinn tatsächlich auszahlen zu müssen?

Das hing natürlich stark davon ab, wie viele Kunden sich tatsächlich mit dem Teilnahmecoupon im Internet anmelden und die Produkte auszuwählen, um am Lebensmittel-Lotto teilzunehmen.

Wir haben zwei Märkte befragt, wie viele Coupons sie pro Tag an Kunden herausgeben. Die Angaben lagen bei 300 und 500. Gehen wir einmal davon aus, dass in jedem der rund 700 Märkte des Handelsunternehmens an jedem der elf Werktage, die das Gewinnspiel lief, im Mittel 500 Teilnahmecoupons ausgegeben wurden. Die Zentrale der Supermarktkette Edeka Nord wollte keine Angaben zur Zahl der ausgegebenen Coupons machen.

Bleiben wir also bei unserer Schätzung von 500 Coupons je Markt und Tag. Wenn wir annehmen, dass sich jeder 20. Kunde die Mühe gemacht hat, am Gewinnspiel teilzunehmen, so wären dies nicht einmal 200.000 Teilnehmer. Dies würde aber bedeuten, dass die Chance auf einen Hauptgewinner gerade einmal bei 1 zu 3000 liegt.

Wenn die Supermarktkette diese Lotterie also die kommenden 3000 Jahre jährlich einmal fortsetzt, ist statistisch gesehen ein einziger Hauptgewinner zu erwarten. Selbst wenn alle erwachsenen Einwohner des Handelsgebiets der Kette an dem Gewinnspiel teilnehmen würden, könnte dieses etwa 100 Jahre gespielt werden, bei nur einem zu erwartenden Hauptgewinn.

Es ist natürlich nicht ausgeschlossen, dass es in der beschriebenen Runde tatsächlich einen glücklichen Gewinner gab. Die Wahrscheinlichkeit dafür ist jedoch verschwindend gering.

Genau dies ist offenbar auch das Prinzip dieser Art Gewinnspiele, wie sich leicht auf der Webseite einer Promotionsagentur nachlesen lässt, die solche Aktionen betreut. So wird dort ausgeführt, dass das Risiko eines Hauptgewinns nur zu einem Bruchteil des Werts des Hauptgewinns versichert wird. Bei der verschwindend geringen Wahrscheinlichkeit ist dies aber natürlich auch nicht erstaunlich.

Die Agenturen bewerben die Gewinnspiele für den Handel deshalb auch mit den Vorteilen, dass die Kunden mit dem attraktiven und vom Lotto vertrauten Hauptgewinn zur Teilnahme animiert werden, gleichzeitig aber der Hauptgewinn kaum je ausgezahlt werden muss, sodass das Gewinnspiel für den Handel sehr kostengünstig ist.

So wundert es kaum, dass man im Internet keine Hinweise darauf findet, dass bei einem der Gewinnspiele dieser Art je ein Hauptgewinner bekannt gegeben wurde. Für viele Verbraucher ist dieser clevere Schachzug der Werbetreibenden allerdings nur schwer zu erkennen.

Edeka Nord erklärte dazu: Bei der Lotterie handle es sich um „eine Aktion, die wir unseren Kunden kostenlos als Dank für ihren Einkauf anbieten". Neben dem Hauptgewinn gebe es viele weitere Gewinne wie Smartphones oder Präsentkisten. Ob es bei einer ganz ähnlichen Lotterie zuvor einen Gewinner gab, wollte das Unternehmen nicht verraten.

Statistik ist überall

Nachdem im vorigen Kapitel speziell die Anwendungen der Statistik in Sport und Spiel im Fokus standen, weiten wir jetzt den Blick. Die in diesem Kapitel zusammengetragenen Beispiele sollen aufzeigen, dass Statistik uns im täglichen Leben überall umgibt. Einen großen Teil der modernen Welt kann man nur verstehen, wenn man ein grundsätzliches Verständnis von Statistik hat. Und wie immer in diesem Buch möchten wir dieses Verständnis nicht durch eine wissenschaftliche Abhandlung großer Theorien erreichen, sondern durch die Auswahl einer ganzen Reihe von Beispielen aus der Praxis. Dazu sind auch hier keine Formeln und tiefliegenden mathematischen Resultate nötig, sondern der gesunde Menschenverstand gepaart mit ein wenig Aufgeschlossenheit gegenüber statistischen Denkweisen.

© Springer-Verlag GmbH Deutschland, ein Teil von Springer Nature 2018

B. Christensen und S. Christensen, *Achtung: Mathe und Statistik,*
https://doi.org/10.1007/978-3-662-57739-4_3

Minderheiten und Diskriminierung

Fast jeden Tag werden wir als aufmerksame Leser bei der Zeitungslektüre mit Konflikten zwischen Minderheiten und einer Mehrheit in einer Gesellschaft konfrontiert. Häufig geht es um Diskriminierung der einen Gruppe durch die andere. Die Umstände können dabei völlig verschieden sein. Teilweise geht es um religiöse oder ethnische Unterschiede, teilweise spielen politische Ansichten oder sexuelle Präferenzen eine Rolle. Und all diese Konflikte haben gemein, dass die tieferen Ursachen und genauen Umstände sehr komplex und vielschichtig sind. Auch die beste Statistik wird also nicht dabei helfen, auch nur einen der Konflikte ansatzweise in der Kürze einer solchen Kolumne darzustellen.

Trotzdem helfen manchmal ganz elementare statistische Überlegungen, um einige Phänomene dieser Konflikte besser zu verstehen. Stellen wir uns als Zahlenbeispiel einmal die stark vereinfachte Situation vor, dass eine Gesellschaft in zwei Gruppen gespalten ist, eine Mehrheit, die 95 % ausmacht, und eine Minderheitengruppe, die die übrigen 5 % umfasst. In beiden Gruppen gibt es nun einige Personen, die Vorurteile gegenüber der anderen Gruppe hegen und diese durch Diskriminierung im täglichen Umgang ausleben. Nehmen wir einmal an, dass dies sowohl in der Mehrheit als auch in der Minderheit für jeweils 10 % der Personen zutrifft. Einer von 10 diskriminiert also die Angehörigen der anderen Gruppe bei einem Aufeinandertreffen. Nehmen wir ferner an, dass beide Gruppen nicht unter sich bleiben, sondern rein zufällig auch mit den Angehörigen der anderen Gruppen zusammentreffen.

Was bedeutet das für die täglichen Erfahrungen der Angehörigen beider Gruppen? Die Angehörigen der Mehrheitsgesellschaft haben dann im Mittel bei jedem zwanzigsten Treffen Kontakt mit einer Person aus der Minderheit, da jeder zwanzigste der Minderheit angehört. Bei jedem zehnten dieser Treffen erlebt er dann Diskriminierung, also insgesamt bei einer von $20 \times 10 = 200$ Begegnungen, was 0,5 % aller Treffen ausmacht. Einem Angehöriger der Minderheit widerfährt dies aber bei 95 % $\times$ 10 % = 9,5 % aller Treffen, also bei fast jeder zehnten Begegnung. Auch wenn in beiden Gruppen die Rate der „Diskriminierer" gleich hoch ist, sind fast nur Angehörige der Minderheit davon betroffen. Die häufig berichtete Diskriminierung von Minderheiten hat also nicht zwangsweise damit zu tun, dass Vorurteile in der Mehrheitsgesellschaft weiter verbreitet sind, sondern ergibt sich fast automatisch, wenn in einer Gesellschaft insgesamt Vorurteile eine Rolle spielen.

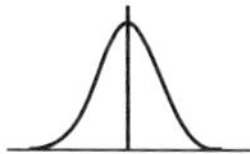

Zusammenhang um die Ecke

Statistik kann dabei helfen, Zusammenhänge zwischen unterschiedlichen Größen aufzudecken. Dazu steht heute ein großer Werkzeugkasten unterschiedlichster Methoden bereit. Dem statistisch vorgebildeten Leser fällt hier vielleicht der Korrelationskoeffizient ein. Aber auch die besten Werkzeuge nutzen nichts, wenn dabei der gesunde Menschenverstand nicht eingesetzt wird. Am besten lässt sich dies anhand von Beispielen erklären. So wurde in einer Reihenuntersuchung u. a. der Wortschatz und die Körpergröße von Grundschulkindern erhoben. Große Kinder kannten dabei mehr Wörter als kleine, es lag also eine positive Korrelation vor. Sind (körperlich) große Kinder also im Vorteil? – Dies ist nicht der Fall, vielmehr erklärt sich der statistische Zusammenhang ganz banal durch eine dritte Eigenschaft, die sowohl die Körpergröße als auch den Wortschatz der Kinder positiv beeinflusst, nämlich das Alter. Ältere Kinder kennen – ganz klar – im Schnitt mehr Wörter als jüngere. Es liegt also nur ein indirekter positiver Zusammenhang vor, der dann auch wenig spektakulär ist.

Nun mag man über das gewählte Beispiel den Kopf schütteln, da es doch zu offensichtlich ist. In vielen anderen Fällen ist es allerdings gar nicht so einfach zu entscheiden, ob eine direkte oder indirekte Ursache für einen statistischen Zusammenhang besteht. Sie können es ja selbst einmal versuchen. Nehmen Sie die folgenden Beispiele, die zum Teil auf den ersten Blick erstaunliche Zusammenhänge abbilden und über die immer wieder anekdotenhaft berichtet wird. Mögliche Erklärungen für die Zusammenhänge finden sich nachstehend.

1) In Regionen in Deutschland, in denen viele Störche pro Einwohner leben, werden im Schnitt auch mehr Kinder pro Frau geboren. 2) Die Wahrscheinlichkeit, den ersten Herzinfarkt zu überleben, ist für Raucher höher als für Nichtraucher. 3) Es gibt bei Männern einen positiven statistischen Zusammenhang zwischen der Glatzengröße und dem Gehalt. 4) Ein hoher Schokoladeneiskonsum geht mit einem höheren Risiko für Sonnenbrand einher.

Die Zusammenhänge erklären sich z. B. wie folgt: 1) Land gegenüber Stadt, 2) Raucher haben ein geringeres Alter beim ersten Herzinfarkt, 3) höheres Alter führt zu mehr Gehalt und weniger Haaren, 4) bei schönem Wetter sind Eiskonsum und Sonnenbrandrisiko erhöht.

Große Überraschung im Portemonnaie?

Seit Einführung des Euro kann man ausländische Münzen im Geldbeutel finden, ohne dafür reisen zu müssen. Neben den deutschen Euro-Münzen sieht man auch immer wieder niederländische, spanische oder französische. Mit etwas Glück wird es aber auch richtig speziell. So wandte sich ein Leser aus Sachsen an seine Lokalzeitung, die seine Frage dann an die Autoren dieses Buchs weitertrug. Dem Leser fiel nämlich eine 2-Euro-Münze aus dem Vatikan in die Hände, und er wollte nun in Erfahrung bringen, wie unwahrscheinlich dies eigentlich ist.

Genau wird man die Frage sicher nicht beantworten können, aber vielleicht immerhin näherungsweise. Im Euroraum sind insgesamt etwa 5,8 Mrd. 2-Euro-Münzen im Umlauf, davon 6000 vatikanische. Wenn man also einfach zufällig eine zieht, ist diese mit einer Wahrscheinlichkeit von knapp 1 zu 1 Mio. aus dem Vatikan. Zum Vergleich beträgt die Wahrscheinlichkeit eines Sechsers beim Lotto 6 aus 49 knapp 1 zu 14 Mio. Beim Lotto zu gewinnen ist also viel unwahrscheinlicher. Darüber hinaus zieht man ja nicht nur eine Münze, sondern es wandern jedes Jahr viele Münzen durch ein privates Portemonnaie. Bei z. B. hundert 2-Euro-Münzen im Jahr läge die Wahrscheinlichkeit schon bei rund 1 zu 10.000, was gar nicht mehr so unwahrscheinlich ist.

Bei der Rechnung muss man aber einschränkend anmerken, dass zum einen viele der vatikanischen Münzen gar nicht in den allgemeinen Umlauf kommen, sondern vorab von Sammlern gekauft werden. Zum anderen dürfte die Verteilung der vatikanischen Münzen nicht gleichmäßig im ganzen Euroraum sein. Beides würde die Wahrscheinlichkeit, in Deutschland eine vatikanische 2-Euro-Münze im Portemonnaie vorzufinden, verringern. Andererseits hätte sich der Fragesteller vermutlich auch über eine 1-Euro- oder 50-Cent-Münze aus dem Vatikan ebenso gewundert. Die Chance, irgendeine Vatikanmünze zu finden, ist also noch einmal höher.

Insgesamt lässt sich aber festhalten, dass es schon außergewöhnlich ist, eine Münze aus dem Vatikan in Händen zu haben. Dass jedem von uns aber einmal scheinbar unwahrscheinliche Dinge passieren, kennen wir vermutlich alle. Der Grund ist einfach, dass es natürlich sehr viele vollkommen unterschiedliche unwahrscheinliche Ereignisse gibt, sodass die Wahrscheinlichkeit dafür, dass einem irgendeines dieser Ereignisse passiert, gar nicht mehr so gering ist.

Kriminalität vorhersagen I

Vielleicht kennen Sie die Werbung eines großen internationalen Softwareanbieters: Ein Polizist setzt sich ins Auto, schaut auf den Bildschirm seines Computers und fährt los. Gleichzeitig sieht man eine finstere Gestalt, die ebenfalls mit einem Auto losfährt, um einen Supermarkt anzusteuern, der offensichtlich ausgeraubt werden soll. Beim Eintreffen jedoch steht der Polizist bereits vor der Tür, um den Raubüberfall zu verhindern, noch bevor er überhaupt begonnen hat.

Grundlage dieses Werbespots ist sogenannte Predictive-Policing-Software, also Software, die vorausschauende Kriminalitätsprognosen erstellt. Was als Science-Fiction anmuten mag, wird heute bereits vereinzelt eingesetzt, und man mag sich die Frage stellen, wie so etwas möglich ist. Die Grundlage für derartige Prognosen stellen Informationen über Verbrechen in der Vergangenheit dar. Es muss also digital erfasst sein, welche Arten von Verbrechen wann und in welcher Region einer Stadt in der Vergangenheit aufgetreten sind. Zum Teil werden diese Informationen noch ergänzt um Informationen über das Wetter, besondere Großereignisse etc.

Zur Berechnung von konkreten Brennpunkten möglicher Delikte in der nahen Zukunft gibt es zwei unterschiedliche Ansätze: Zum einen wird ausgenutzt, dass gleiche Delikte häufig in derselben Region wieder auftreten, denn die Täter haben die Region ausspioniert und werden dieses Wissen für weitere Taten ausnutzen wollen. Zum anderen wird mittels statistischer Algorithmen untersucht, welche möglichen Einflussfaktoren

Taten in bestimmten Regionen wahrscheinlicher oder unwahrscheinlicher machen. So könnte es beispielsweise sein, dass Einbrüche in Gebäude eher stattfinden, wenn es nachts bewölkt ist und kein Vollmond scheint. Und bei strömendem Regen mag vielleicht auch ein Einbrecher eher zu Hause vor dem Fernseher sitzen.

In jedem Fall können die Softwaresysteme also keine Taten sicher für einen bestimmten Ort und eine bestimmte Zeit voraussagen, wie es der oben angesprochene Werbespot suggeriert. Stattdessen werden lediglich Regionen mit zu bestimmten Zeiten erhöhter Wahrscheinlichkeit für das Eintreten bestimmter Delikte ausgewiesen. Dies könnte die polizeilichen Einsatzkräfte also darin unterstützen, die Ressourcen räumlich und zeitlich möglichst effektiv einzusetzen.

Warum derartige Software heute noch nicht flächendeckend zum Einsatz kommt und warum es gar nicht so einfach ist zu entscheiden, ob die Software gut funktioniert, das soll Inhalt des nächsten Abschnitts sein.

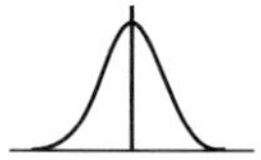

Kriminalität vorhersagen II

Wie lässt sich nun aber testen, ob die Software gut funktioniert? Man könnte einfach überprüfen, ob sich durch testweisen Einsatz derartiger Software die Aufdeckung in Gebieten mit besonders hohem Gefährdungspotenzial und entsprechend höherer Polizeipräsenz die Anzahl der begangenen Straftaten reduzieren lässt oder nicht.

Ganz so einfach ist es aber nicht. Es können viele verzerrende Effekte auftreten. Ein Probeeinsatz ist nie die Wirklichkeit. Es ist z. B. plausibel, dass das zusätzlich verwendete Personal automatisch zu erfolgreicherer Polizeiarbeit führt. Auch sind die Testteilnehmer vielleicht besonders wachsam und engagieren sich besonders intensiv hinsichtlich der im Fokus stehenden Taten und dies alles ganz unabhängig von der Güte der Software. Vielleicht halten sich gar die Verbrecher vorerst zurück, nur weil sie vom Einsatz der Software erfahren haben. Man kennt Ähnliches aus der Medizin beim Test neuer Medikamente. Dort nennt man dies Placeboeffekt. Deshalb werden in der Medizin zumeist Doppelblindstudien durchgeführt. Dabei werden zwei Patientengruppen scheinbar völlig vergleichbar behandelt, wobei weder der behandelnde Arzt noch die Patienten wissen, ob sie das neue Medikament oder ein wirkungsloses Scheinmedikament erhalten. Nur wenn dann die mit dem neuen Medikament behandelten Patienten eine messbar stärkere Besserung ihrer Leiden aufweisen, kann es zweifelsfrei auf das neue Medikament zurückgeführt werden.

Vergleichbar müsste auch Predictive-Policing-Software getestet werden, indem in vergleichbaren Regionen Polizisten Hinweise auf Verbrechensschwerpunkte erhalten, die entweder auf Basis der Software oder durch traditionelle Ermittlungstätigkeit ermittelt wurden. Dabei dürften die einzelnen Polizisten im Idealfall nicht wissen, auf welche Art ihnen Informationen bereitgestellt wurden.

In Deutschland werden derzeit in einzelnen Bundesländern erste Tests mit sehr teurer Predictive-Policing-Software durchgeführt, und man kann nur hoffen, dass dabei ausreichend darauf geachtet wird, dass die Tests hinterher valide Rückschlüsse auf die möglichen Erfolge der Software zulassen. Einfach in einzelnen Regionen die Software mit hohem Aufwand testweise einzusetzen und hinterher zu prüfen, ob die Verbrechenszahlen zurückgegangen sind, reicht jedenfalls nicht aus. Denn man kann dann nicht ausschließen, dass ähnliche Erfolge auch hätten erzielt werden können, indem man sich des Themas vergleichbar intensiv mit traditioneller Polizeiarbeit zugewandt hätte.

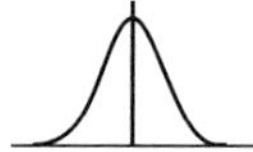

Was ist Bayes-Statistik?

Vor den Präsidentschaftswahlen in den USA und auch im Bundestagswahlkampf ließ sich immer wieder lesen, dass bei der Auswertung von Umfragedaten anstelle der „gewöhnlichen" Statistik die „Bayes"-Statistik benutzt wurde. Was sich dahinter verbirgt und ob man dadurch bessere Prognosen erwarten kann, möchten wir kurz anhand eines Beispiels diskutieren:

Stellen Sie sich vor, Sie möchten Ihre kleine Tochter beim Versteckspielen suchen. Sie wissen, dass nur einige potentielle Verstecke infrage kommen, unter anderem hinter dem Klettergerüst und auf dem Baum. Nach dem obligatorischen „Mäuschen sag mal piep" hören Sie die leise Stimme Ihrer Tochter, können sie aber, weil es windig ist, nicht genau zuordnen. Suchen Sie nun zuerst hinter dem Klettergerüst oder auf dem Baum? Eine Methode der klassischen (frequentistischen) Statistik versucht nun, die Wahrscheinlichkeiten auszurechnen, dass Sie die Stimme Ihrer Tochter so wahrnehmen wie gehört, wenn Sie a) hinter dem Klettergerüst steht oder b) auf dem Baum sitzt. Je nachdem, wo die Wahrscheinlichkeit höher ist, gucken Sie zuerst nach.

Dabei bleiben aber einige Vorinformationen unberücksichtigt. Z. B. kann es sein, dass Sie wissen, dass Ihre Tochter nicht gern klettert, und Sie es daher für etwas unwahrscheinlicher halten, dass sie tatsächlich auf dem Baum sitzt. Für solche Situationen sind Bayes-Verfahren gut geeignet. Schon bevor Sie die Antwort Ihrer Tochter erhalten, ordnen Sie den einzelnen Verstecken Wahrscheinlichkeiten zu. Z. B. glauben Sie, dass Ihre Tochter mit doppelt so hoher Wahrscheinlichkeit hinter dem Klettergerüst steht als dass sie die Klettertour auf den Baum auf sich genommen hat. Nachdem Sie nun das „Piep" vernommen haben, passen Sie Ihre Einschätzungen an. Nur wenn das „Piep" also deutlich aus Richtung des Baums kam, werden Sie dort zuerst nachsehen. In den anderen Fällen führt Ihr Vorwissen dazu, dass Sie erst am Klettergerüst nachsehen. Wenn Sie die Vorlieben Ihrer Tochter vorher schon gut genug kennen, dann wird auch ein durch starken Wind verzerrter Ruf Ihrer Tochter Sie oft an die richtige Stelle führen. Unabhängig vom gewählten Vorgehen können Sie natürlich auch noch versuchen, die Windrichtung in Ihre Entscheidung einfließen zu lassen.

Ob ein solches Vorgehen erfolgreich ist hängt stark von den verwendeten Vorinformationen ab, die mit einfließen. In der Praxis können dies etwa langfristig stabile politische Überzeugungen einzelner Gesellschaftsgruppen sein. Ob die Verwendung solcher Informationen z. B. für die Erstellung von Wahlprognosen in jedem Einzelfall sinnvoll ist, bleibt dem Zeitungsleser beim Betrachten der Ergebnisse meist verborgen. Deshalb ist hier sicher eine gewisse Zurückhaltung angebracht.

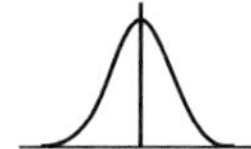

Richtig zufällig ist richtig schwierig

Zufall ist überall – so hört man immer wieder. Dann sollte es doch ein Leichtes sein, echt zufällige Zahlen zu erzeugen. In der Praxis ist das allerdings doch ganz schön schwierig, wie einige Casino-Betreiber in den USA nun schmerzhaft erfahren mussten. In deren Glücksspielautomaten steckt ein Computer, der „zufällige" Zahlen erzeugt. Diese werden dann dazu genutzt, über das Gewinnen und damit die Auszahlung zu entscheiden. Aber woher bekommt der Computer diese Zahlen? – Eigentlich sind diese gar nicht zufällig, sondern sogenannte „Pseudo"-Zufallszahlen. Als Ausgangspunkt werden etwa technische Werte des Computers genutzt. Mit diesen werden viele schwierige Rechnungen durchgeführt und das Ganze mit weiteren Werten verknüpft. Schließlich erhält man eine neue Zahl. Diese ist also rein „deterministisch" – das heißt durch einen festgelegten Berechnungsalgorithmus vorher schon bestimmt – und nicht zufällig entstanden. Weil es aber unmöglich erscheint, das Ergebnis dieser Rechnung vorherzusagen, sieht man diese dann als zufällig genug an. Und wenn man als normaler Spieler vor so einem Automaten sitzt, werden einem auch keine nutzbaren Muster auffallen.

Eine Gruppe russischer Hacker hat sie aber doch gefunden. Dazu haben sie sich in Russland ausrangierte Spielautomaten einer bestimmten Marke besorgt und im Detail analysiert, wie die Zufallszahlen darauf erzeugt werden. Mit diesem Wissen ist eine ganze Gruppe von Spielern in die USA gereist. Diese haben sich dort in Spielcasinos gesetzt, in denen Automaten des analysierten Typs aufgestellt waren, und diese mit ihren Handy-Kameras gefilmt. Diese Daten wurden dann in Russland ausgewertet, und die Spieler bekamen mittels einer eigens dafür entwickelten Handy-App Anweisungen, wie sie den Automaten zu bedienen hatten. Auf diese Weise gewannen Sie in jedem Einzelspiel zwar nur selten hohe Summen, aber im Schnitt deutlich mehr als sie einsetzten. Aufgrund der außergewöhnlich hohen Gesamtauszahlungen wurden die Casino-Betreiber dann aber doch aufmerksam, was schließlich zur Festnahme der Gruppe führte. Richtig Zufälliges zu erzeugen ist also oft richtig schwierig.

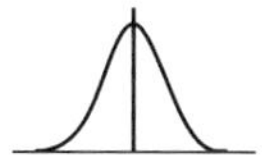

Wechselkurse paradox

Hauke wohnt an der Ostseeküste, plant aber im Sommer seine Tante Heidi in der Schweiz zu besuchen. Da die Schweiz nach wie vor ihre eigene Währung hat, ist er dabei von Wechselkursschwankungen betroffen. Als Hauke mit der Planung beginnt, ist der Wechselkurs 1:1. Er erhält also einen Franken für einen Euro. Aber wie wird sich der Wechselkurs wohl weiter entwickeln, insbesondere zu Haukes Urlaubszeit im Sommer? Das kann heute niemand verlässlich sagen. Haukes Bankberater wagt aber zumindest eine Prognose. Aus seiner Sicht sind zwei Szenarien realistisch. Im ersten wird der Wechselkurs fallen, sodass man im Sommer für 1 € nur noch 0,80 CHF bekommen wird. Das würde Haukes Sommerurlaub deutlich teurer machen als ursprünglich geplant. Im zweiten Szenario wird der Wechselkurs steigen, sodass 1 € dann 1,20 CHF wert sein wird. Das wäre für Haukes Urlaubskasse deutlich besser. Welches Szenario aber eintreten wird, das kann der Banker ihm auch nicht sagen. Er hält sogar beide für gleich wahrscheinlich.

Um sich einen besseren Überblick zu verschaffen, berechnet Hauke den mittleren Wechselkurs: Mit Wahrscheinlichkeit 1/2 liegt dieser bei 0,8, mit Wahrscheinlichkeit 1/2 bei 1,2, im Mittel liegt der Wechselkurs also bei $0,5 \times 0,8 + 0,5 \times 1,2 = 1$. Hauke erwartet also für 1 € weiter 1 CHF zu erhalten. Er bespricht diese Wechselkursschwierigkeiten mit Heidi. Diese schlägt daraufhin vor, dass sie ja auch an die Küste kommen könne und rechnet selbst nach, was die Kursschwankungen für sie bedeuten:

Gibt es 0,8 CHF für 1 €, so erhält Heidi umgekehrt für 1 CHF $1/0,8 = 1,25$ €. Ist 1 € 1,20 CHF wert, so erhält Heidi für jeden Franken aber nur $1/1,2 \approx 0,83$ €. Auch sie berechnet den erwarteten Wechselkurs und erhält $0,5 \times 1,25 + 0,5 \times 0,83 = 1,04$. Im Mittel wird Heidi für jeden Franken 1,04 € erhalten. Hauke erwartet also, dass sich der Wechselkurs im Mittel nicht ändern wird, Heidi hingegen, dass sie mehr Euro für ihren Franken erhält als bisher, obwohl beide von gleichen Annahmen ausgehen. Wie kann das aber sein? Mathematisch ist das Rätsel einfach zu klären: Der Mittelwert der Kehrwerte ist stets größer als der Kehrwert des Mittelwerts. Für Haukes und Heidis Urlaubsentscheidung spielen die Berechnungen aber keine Rolle. Sie entscheiden sich, erst eine Woche in den Bergen zu wandern und anschließend gemeinsam den Sommer am Ostseestrand zu genießen.

Die tägliche Entscheidung im Supermarkt

Mit einigen Entscheidungen im Alltag sind wir wirklich fast täglich konfrontiert und ärgern uns dementsprechend häufig über unsere Wahl. So eine Situation ist sicherlich die Auswahl der richtigen Warteschlange im Supermarkt. Wie man sich auch entscheidet, oft wartet man doch sehr lang. Die New York Times hat versucht, diesem Ärgernis des Alltags harte Statistik entgegenzusetzen. Dazu hat man führende Experten für die Statistik von Warteschlangen (ja, so etwas gibt es wirklich!) angeschrieben und um ihre auf statistischen Erkenntnissen fußenden Tipps gebeten. Diese möchten wir Ihnen an dieser Stelle auch zukommen lassen, damit Sie vielleicht in Zukunft ein klein wenig früher von Ihrem Einkauf nach Hause kommen können:

1. Wählen Sie eher die linke Schlange. Die meisten Kunden sind Rechtshänder und tendieren unterbewusst nach rechts. Je weiter rechts eine Schlange steht, desto länger dauert es im Mittel.
2. Wählen Sie eher weibliches Kassierpersonal. Zumindest in den USA sind Kassiererinnen im Schnitt schneller beim Abkassieren.
3. Achten Sie nicht nur auf die Anzahl von Waren der Wartenden, sondern auch auf die Art. So sind identische Getränkeflaschen viel schneller abgescannt als gleich viele verschiedene Waren.
4. Meiden Sie Kassen, bei denen nicht die gesamte Kasse für die Kassiererin einsehbar ist. In diesem Fall hat man herausgefunden, dass der Kassiervorgang im Mittel deutlich länger dauert.

Bedenken Sie aber bitte auch bei diesen wohlfundierten statistischen Tipps, dass Zeitersparnis nicht alles ist. Es soll auch Menschen geben, die ihr ganz persönliches Lebensglück gerade Begegnungen im Supermarkt verdanken.

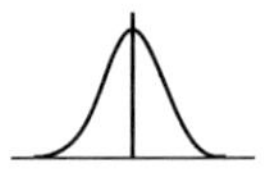

Der Glücksatlas

Zum Jahreswechsel fragen sich viele Menschen, wie glücklich sie eigentlich sind und wie sie ihre individuelle Zufriedenheit im kommenden Jahr erhöhen können. In diesem Zusammenhang gibt es eine interessante Studie, die über viele Lebensbereiche das persönliche Glück mit statistischen Methoden untersucht. Es handelt sich hierbei um den Deutsche Post Glücksatlas, der 2017 zum siebten Mal vorgestellt wurde.

Als Basis dient das Sozio-oekonomische Panel, in dem jedes Jahr mehr als 20.000 Menschen in ganz Deutschland u. a. zu ihrer Lebenszufriedenheit befragt werden. Die Antwortmöglichkeiten liegen dabei zwischen 0 „ganz und gar unzufrieden" und 10 „ganz und gar zufrieden". Interessant ist an den Ergebnissen, dass sich die Schleswig-Holsteiner 2017 erneut als die zufriedensten Menschen erwiesen haben. Im Mittel weisen die Nordlichter einen Wert von 7,43 für die „Zufriedenheit alles in allem mit ihrem Leben" auf, im Gegensetz zu einem Wert von 7,07 in Deutschland insgesamt. Am Ende des Bundeslandvergleichs liegen übrigens Brandenburg und Sachsen-Anhalt mit Mittelwerten von 6,9 und 6,8.

Besonders interessant sind diese Ergebnisse vor dem Hintergrund, dass die hohen Zufriedenheitswerte sich nicht direkt mit objektiven Indikatoren wie der Arbeitslosenquote oder dem verfügbaren Einkommen erklären lassen, bei denen Schleswig-Holstein eher im Mittelfeld der Bundesländer rangiert. In der Studie zum Glücksatlas wird dazu erklärt, dass die geografische Lage Schleswig-Holsteins eine Rolle für die hohen

Zufriedenheitswerte spielen dürfte: Das Lebens zwischen den Meeren wirkt sich offenbar positiv auf die Zufriedenheit aus. Und auch die Nähe zu Dänemark könnte eine Erklärung sein, denn eine aktuelle Studie der Universität Warwick zeigt: Je enger die Verwandtschaft zur dänischen Gesellschaft ausfällt, umso höher ist das subjektive Wohlbefinden.

Studien hin oder her, Schleswig-Holsteinern – und die Autoren leben zufällig in diesem schönen Bundesland – dürfte auch ohne wissenschaftliche Untermauerung schon immer klar gewesen sein, dass man im „echten Norden" am besten lebt.

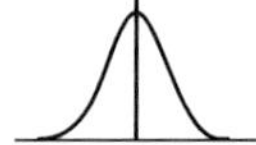

Ungleiche Verteilung

Die (Un-)Gleichheit der Verteilung von Vermögen oder Einkommen ist ein ständig aktuelles politisches Thema. Für eine sachliche Diskussion stellt sich damit die Frage, wie man die (Un-)Gleichheit sinnvoll messen kann, um beispielsweise einen Vergleich über die Zeit oder zwischen Ländern zu ermöglichen. Hier kann einem das statistische Maß des Gini-Koeffizienten helfen. Der Gini-Koeffizient misst die Abweichung der jeweiligen Verteilung von einer fiktiven Situation der absoluten Gleichverteilung. Gleichverteilung bedeutet hierbei, dass z. B. im Falle der Vermögensverteilung alle den identischen Besitz haben. In diesem Fall nimmt der Gini-Koeffizient den Wert 0 an. Besitzt hingegen einer alles und alle anderen besitzen gar nichts, liegt der extremstmögliche Wert der Ungleichverteilung vor, und der Gini-Koeffizient nimmt den Wert 1 an.

Wie groß ist vor diesem Hintergrund die Ungleichverteilung des Einkommens bzw. des Vermögens in Deutschland? – Für das Einkommen liegt der Gini-Koeffizient der Nettoeinkommen nach Transferzahlungen bei knapp 0,3. Um diesen Wert einordnen zu können, muss man wissen, wie er sich zusammensetzt: Beispielsweise verfügen die 10 % Personen mit dem niedrigsten Einkommen lediglich über 3,7 % des gesamten Einkommens, während im Gegensatz dazu die reichsten 10 % über gut 23 % des Einkommens verfügen. Im internationalen Vergleich liegt der Wert des Gini-Koeffizienten in Schweden bei lediglich 0,25, in Großbritannien hingegen bei 0,36, in den USA bei 0,47 und in vielen Entwicklungsländern sogar bei deutlich über 0,5.

Bei der Vermögensverteilung stellt sich das Bild deutlich anders dar. Der Gini-Koeffizient liegt in diesem Fall in Deutschland bei knapp 0,8. Die ärmste Hälfte der Deutschen besitzt lediglich 2,5 % des Vermögens. Im Gegensatz dazu besitzen die reichsten 10 % etwa 64 % des Vermögens – ein gewaltiger Unterschied. Noch deutlicher wird die stark ungleiche Verteilung, wenn man das reichste Promille der Deutschen betrachtet, die gut 17 % des Vermögens besitzen. Wählt man also 1000 Deutsche zufällig aus, besitzt der Reichste im Schnitt etwa siebenmal so viel wie die ärmsten 500 zusammen. International ist die Ungleichheit des Vermögens noch extremer: Nach Angaben der Organisation Oxfam besitzen die reichsten

62 Menschen auf der Erde so viel, wie die ärmste Hälfte der Weltbevölkerung zusammen, d. h. so viel wie etwa 3,7 Mrd. Menschen!

Damit liefert der Gini-Koeffizient also genug Stoff für Diskussionen.

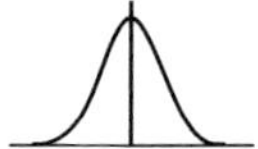

Fluch und Segen aufrüttelnder Statistiken

Die Zahlen der Organisation Oxfam sind wirklich beachtenswert: 62 Superreiche besitzen so viel wie etwa 3,7 Mrd. Menschen! Diese Zahlen von 2016 liefern natürlich viel Stoff für Diskussionen und sind daher wahrhaft eine aufrüttelnde Statistik.

Passend zum Weltwirtschaftsforum in Davos 2017 hat Oxfam aktualisierte Zahlen vorgelegt. Danach gehört sogar den acht reichsten Männern des Planeten mehr als der ärmsten Hälfte der Menschen. Die Ungleichheit wird danach also noch größer als sie ohnehin schon war! Man sollte vermuten, dass auch diese Nachricht wieder hohe Wellen schlägt. Und tatsächlich hat es die Meldung in viele Zeitungen geschafft. Damals stand neben der Diskussion der ungleichen Verteilung an sich aber häufig auch die Statistik im Fokus. Kritiker warfen Oxfam vor, mit falschen Zahlen zu operieren. So sei die Datenlage schlecht. Besonders in Entwicklungsländern, wo die meisten der

Armen wohnen, habe man keine verlässlichen Daten über die tatsächlichen Besitztümer, also ob die Ärmsten nahezu gar nichts oder nur sehr wenig besitzen. Aber auch die Superreichen legen ihr Vermögen in der Regel nicht offen. Man greift stattdessen auf Schätzungen der amerikanischen Zeitschrift Forbes zurück, die sich in der Vergangenheit teilweise als unzuverlässig erwiesen haben. Darüber hinaus gab es eine methodische Änderung, sodass die Zahl von 62 aus dem Vorjahr nicht direkt mit der neuen Zahl von acht vergleichbar ist.

Diese Einwände sind alle richtig. Keiner weiß genau, ob es 3, 8, 60, 100 oder sogar 500 Superreicher bedarf, um das Vermögen der ärmeren Hälfte zu übertrumpfen. Für die grundsätzliche Aussage scheint dies auch nicht sonderlich relevant zu sein. Man erkennt aber ein grundsätzliches Problem aufrüttelnder Statistiken: Auch wenn diese seriös gemacht sind, wird man fast immer kleinere methodische Kritikpunkte finden, die die Diskussion leicht vom Kern des Themas ablenken.

Wann liegt die Kuh?

Legt eine Kuh sich statistisch schneller hin, wenn sie länger gestanden hat? Beim Lesen dieser Forschungsfrage werden den meisten Lesern zwei weitere Fragen in den Sinn kommen: Ist das nicht klar? Und wen interessiert so etwas?

Fangen wir mit dem zweiten Einwand an. Denn so unnütz wie es im ersten Moment erscheinen mag, ist das Forschungsfeld nicht. Kühe sind nämlich typische Beutetiere. Und als solche möchten sie Feinden nach Möglichkeit verheimlichen, wenn sie gesundheitliche Einschränkungen haben. Ist etwa ihr Bein verletzt, so wird man eine Kuh nur selten humpeln sehen, sodass auch der Besitzer dies nicht so leicht bemerken kann. Diese Einschränkung lässt sich dann vor allem daran erkennen, dass die Kuh länger liegt als gewöhnlich. Aber um dies zu erkennen, muss man wissen, wie das „gewöhnliche" Liegeverhalten einer Kuh aussieht. Und aus diesem Grund haben sich tatsächlich ernsthafte Wissenschaftler dieser statistischen Frage angenommen, und ihre Ergebnisse wurden auch noch mit einem sogenannten „IG-Nobelpreis" ausgezeichnet. Dieser ehrt Arbeiten, die „erst zum Lachen und dann zum Nachdenken" anregen.

Es bleibt der Einwand, dass das Ergebnis doch eigentlich klar sein müsste: Wenn eine Kuh länger gestanden hat, dann müsste sie sich doch auch schneller hinlegen, oder? Aber das stimmt nicht! Die Forscher haben herausgefunden, dass bei einer Kuh die Wahrscheinlichkeit sich hinzulegen unabhängig davon ist, wie lang sie schon gestanden hat. Wie das sein kann, kann man sich mit folgendem Gedankenexperiment klarmachen: Wir stellen uns vor, dass die Kuh von Zeit zu Zeit eine Münze wirft. Zeigt diese „Zahl", legt sie sich hin, sonst bleibt sie stehen und wirft dann nach einiger Zeit wieder die Münze. Da eine Münze „kein Gedächtnis" hat, ist in diesem Modell die Hinlegewahrscheinlichkeit nicht abhängig von der Zeit, die die Kuh schon gestanden hat. So kann es passieren, dass sich die Kuh manchmal sehr schnell hinlegt und zu anderen Zeiten sehr lange steht. Da die Beine von Kühen aber ideal zum Stehen geeignet sind, macht das einer Kuh wohl nichts aus und durch ihr unsystematisches Hinlegeverhalten bietet sie möglichen Angreifern keine Möglichkeit, aus ihrem Verhalten darauf zu schließen, ob sie z. B. verletzt ist und somit leichte Beute bietet. Kühe verhalten sich hinsichtlich des Hinlegens also durchaus sinnvoll, wie die Wissenschaftler mit der beschriebenen Studie nachgewiesen haben. „Blöd" sind die Kühe also nicht.

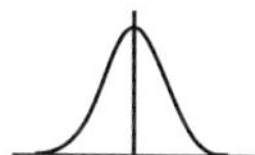

Multiple Choice

Laura ist genervt. Gerade haben sie die Ergebnisse der letzten Klausur erfahren, und sie hat nur knapp bestanden, obwohl sie so viel gelernt hatte. Und Tim, der ebenfalls bestanden hat, behauptet wieder einmal überheblich, dass er überhaupt nicht für die Klausur gelernt hätte. Er habe einfach geraten. Schließlich sei es eine Multiple-Choice-Klausur gewesen und da würde er angeblich immer nur raten. Statt zu lernen, hätte er die Zeit lieber bei Sonnenschein am Strand verbracht.

Laura kommen Zweifel. Hat sie ganz umsonst gelernt? Und kann es überhaupt sein, dass Tim tatsächlich mit Raten besser fährt als sie? – Zum Glück hat sie in Statistik aufgepasst und will nun überprüfen, ob Tim einfach nur ein Aufschneider ist.

In der Klausur gab es 30 Fragen, von denen mindestens 15 richtig beantwortet werden mussten. Zu jeder Frage gab es vier mögliche Antworten, von denen jeweils nur eine richtig war. Kann es also wirklich sein, dass Tim mindestens 15 Fragen rein durch Raten richtig angekreuzt hat?

Die Wahrscheinlichkeit, eine Frage richtig zu beantworten, beträgt $1/4 = 0{,}25$. Es müssen aber mindestens 15 der 30 Fragen richtig beantwortet werden. Dafür ist die Berechnung schon komplizierter. Am einfachsten lässt sich dieses erschließen, wenn man mit der Wahrscheinlichkeit anfängt, dass genau 15 Fragen richtig beantwortet werden. Wir nehmen zu Anfang an, dass die ersten 15 Fragen richtig und die letzten 15 Fragen falsch beantwortet werden. Dafür beträgt die Wahrscheinlichkeit $(1/4)^{15} \times (3/4)^{15}$. Allerdings ist es ja egal, welche 15 der 30 Fragen richtig beantwortet werden. Deshalb muss diese Wahrscheinlichkeit noch mit der Anzahl der Möglichkeiten multiplizieren werden, wie die 15 richtigen Antworten unter den 30 Fragen verteilt werden. Das ist der Binomialkoeffizient 30 über 15. Und tatsächlich gibt es dafür mehr als 155 Mio. Möglichkeiten. Wird beides miteinander multipliziert, erhält man die Wahrscheinlich-keit $(1/4)^{15} \times (3/4)^{15} \times \binom{30}{15} = 0{,}193\ \%$. Das ist nicht wirklich viel. Aber es besteht ja auch noch die Möglich-keit, dass 16 Fragen rein durch Raten richtig beantwortet wurden. Und natürlich auch für 17 richtige Antworten usw. bis 30 richtige Antworten. Mit jeder höheren Anzahl an richtig geratenen Antworten sinkt dabei die Wahrscheinlichkeit. Die Gesamtwahrscheinlichkeit, mindestens 15 der 30 Fragen richtig zu raten, beträgt nur 0,275 %, wie Laura errechnet.

Das ist nicht wirklich viel. Laura denkt, dass Tim nicht so viel Glück gehabt haben dürfte. Sie beschließt also, dass Tim wohl eher ein Aufschneider ist, und es sich lohnt, für Klausuren zu lernen.

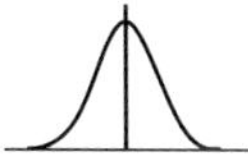

Wer verdient wie viel?

In Schweden, wo einer der Autoren dieses Buchs eine Zeit lebte, ist es sehr einfach zu erfahren, wie viel etwa der Nachbar verdient. Das persönliche Einkommen anderer steht als Information quasi jedem frei zur Verfügung. Diese extreme Form der Transparenz gibt es in Deutschland nicht. Trotzdem kann es interessant und nützlich sein, Wissen über die Gehaltshöhe von anderen zu erlangen. Ganz praktisch wichtig ist dies unter anderem für die eigene Entscheidung über eine Berufsausbildung oder bei Gehaltsverhandlungen. Allerdings ist es hierfür oft nicht nötig, genau zu wissen, wie viel einzelne Personen verdienen. Die Durchschnittswerte reichen völlig aus.

Genau dies nutzt jetzt ein Onlineportal der Bundesagentur für Arbeit, der sogenannte Entgeltatlas. Differenziert nach Berufsgruppen, Bundesländern, Altersgruppen und Geschlecht lässt sich das mittlere Einkommen der sozialversicherungspflichtig Vollzeitbeschäftigten ausgeben. Das Einkommen von Beamten und Selbstständigen kann zwar nicht abgerufen werden, es stehen aber sehr viele Berufe zur Auswahl, die traditionell sozialversicherungspflichtig von Angestellten erledigt werden.

Spannend sind dabei insbesondere die regionalen Unterschiede der Einkommen. So verdienen beispielsweise Friseurinnen und Friseure in Hamburg durchschnittlich 1490 € brutto pro Monat, während sie in Schleswig-Holstein mit 1381 € und in Mecklenburg-Vorpommern sogar mit nur 1158 € auskommen müssen. Wer hingegen als Krankenpfleger oder als Krankenschwester arbeitet, hat im Mittel in Schleswig-Holstein mit 3124 € pro Monat sogar ein leicht höheres Einkommen als in Hamburg, wo es nur 3090 € beträgt. In Mecklenburg-Vorpommern wird für die gleiche Tätigkeit allerdings mit 2689 € deutlich weniger gezahlt. Beim Beruf des Bankkaufmanns bzw. der Bankkauffrau ist der Unterschied zwischen Schleswig-Holstein mit 4181 € und Mecklenburg-Vorpommern mit 3864 € relativ gesehen kleiner, dafür aber der Abstand zu Hamburg mit 4917 € größer.

Ob diese regionalen Unterschiede tatsächlich einen Umzug lohnenswert machen, lässt sich bei sehr unterschiedlichen sonstigen Situationen in den Bundesländern nur schwer beurteilen. In jedem Fall kann der Entgeltatlas aber gerade Schulabgängern dabei helfen, neben ihren Neigungen und Interessen auch die aktuellen Verdienstmöglichkeiten in ihre Entscheidung über die Berufswahl einzubeziehen. Und dafür ist das genaue Gehalt des Nachbarn auch nicht nötig.

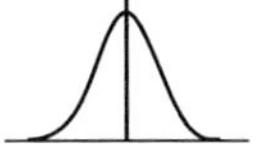

Indirekter Terror

Erfolgreiche Terroranschläge treffen uns immer unvorbereitet, und wir sind geschockt von den Opferzahlen dieser hinterhältigen Taten. Im Anschluss an die Taten entbrennt dann meist eine Diskussion über angemessene Reaktionen. Wie wichtig dabei ein kühler Kopf ist, hat der Psychologe Gerd Gigerenzer bei Untersuchungen zu Risiken herausgearbeitet. Denn zum Teil sind auch noch lange nach den eigentlichen Anschlägen indirekt Opfer zu beklagen.

Konkret hat er sich angesehen, was nach den Terroranschlägen am 11. September 2001 geschah. Die mittels Flugzeugen verübten Taten hatten viele Menschenleben gekostet. Auf solche – zwar objektiv eigentlich selten eintretenden – schrecklichen Ereignisse reagieren wir Menschen nachvollziehbar mit Furcht und versuchen derartigen Situationen zukünftig auszuweichen. Deshalb vermutete Gigerenzer, dass viele Menschen nach den Anschlägen Flugzeuge eher meiden und für längere Strecken innerhalb der USA auf das Auto ausweichen würden. Das Reisen auf Langstrecken ist mit dem Auto allerdings – gerade für ungeübte Fahrer – im Schnitt deutlich gefährlicher als eine Flugreise. Und tatsächlich hatte es in den 12 Monaten nach den Anschlägen auf das World Trade Center eine auffällig hohe Zahl an Verkehrstoten auf den Interstate

Highways, also den amerikanischen Autobahnen, gegeben. Um diesen Befund statistisch zu untermauern und die Größenordnung abzuschätzen, berechnete er die durchschnittlichen Anzahlen der Verkehrstoten je Monat auf diesen Straßen in den fünf Vorjahren und verglich diese Basis mit der Anzahl der Verkehrstoten nach den Anschlägen. Auf diese Weise schätzte er die Anzahl der indirekten zusätzlichen Opfer der Terroranschläge auf etwa 1600. Das veränderte Verhalten der Menschen als Konsequenz auf den Terroranschlag hat also noch lange nach den eigentlichen Anschlägen hohe Opferzahlen verursacht. Da solche indirekten Opfer aber nicht so geballt wie bei den eigentlichen Anschlägen auftreten, wird davon zumeist weniger Notiz genommen.

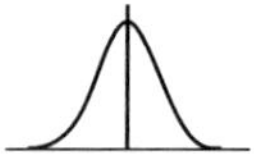

Prognosemonat Februar

Prognosen sind schwierig – besonders wenn Sie die Zukunft betreffen. Es ist nicht ganz klar, auf wen diese Weisheit zurückgeht. Trotzdem sollte sich jeder Journalist dieses geflügelte Wort zu Herzen nehmen. Es gibt nämlich viele historische Beispiele, in denen Autoren später eines Besseren belehrt wurden. Bis heute ist etwa Kaiser Wilhelm II in Erinnerung geblieben, der an das Pferd glaubte und das Automobil für eine vorübergehende Erscheinung hielt. So verwundert es nicht, dass sich so mancher Forscher oder Politiker mit konkreten Prognosen zurückhält.

Wir haben es dennoch Anfang 2016 gewagt und konkrete Prognosen abgegeben, obwohl die zugehörigen Werte noch gar nicht veröffentlicht waren: Der Wasserverbrauch dürfte im Februar 2016 über dem des Vorjahresmonats gelegen haben. Und wir vermuteten sogar, dass im Februar 2016 mehr Kinder geboren wurden als im gleichen Monat 2015. Wir wagten sogar eine noch langfristigere Prognose: Im Jahr 2018 würden diese beiden Werte wieder gesunken sein. Der Grund, warum wir uns so weit aus dem Fenster lehnen konnten, ist recht einfach, und wir mussten nicht einmal Experten für die Wasserversorgung oder Geburtshilfe sein. 2016 war nämlich ein Schaltjahr, sodass einfach ein Tag mehr zu Buche schlug, an dem Kinder geboren werden konnten und Wasser verbraucht wurde. Bei sonst 28 Tagen im Februar macht dieser zusätzliche Tag immerhin gut 3,5 % aus. Dieser sogenannte „Kalendereffekt" hat auch Einfluss auf die Wirtschaft, denn am Montag, dem 29. Februar 2016, wurde natürlich regulär gearbeitet. Das Bruttoinlandsprodukt dürfte im Februar davon also positiv beeinflusst worden sein.

In den meisten amtlichen Statistiken werden Kalendereffekte – darunter fallen neben dem zusätzlichen Tag in Schaltjahren z. B. auch Feiertage an Wochenenden – natürlich berücksichtigt und die Angaben um diese bereinigt. Häufig gleichen sich Kalendereffekte über ein Jahr auch gegenseitig aus, sodass ihr Einfluss gar nicht so groß ist. Im Jahr 2004 allerdings lag ein Schaltjahr vor und viele Feiertage fielen auf Wochenenden, sodass es insgesamt fünf Arbeitstage mehr als im Jahr 2003 gab. Diese Konstellation hat damals dazu geführt, dass das Wirtschaftswachstum von 1,2 % gegenüber dem Vorjahr fast zur Hälfte auf diese Kalendereffekte zurückzuführen war.

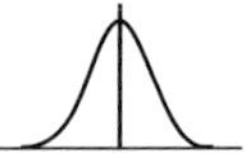

Bauplatzvergabe

Sina und Folke sind aufgeregt. Sie haben sich entschieden, ein Eigenheim zu bauen. Das Baugebiet ist ausgewählt, doch leider gibt es mehr Bewerber als Grundstücke. Und außerdem haben die Bauplätze unterschiedlich schöne Lagen. Wo werden sie ihren Traum verwirklichen können?

Dazu hat sich die Gemeinde ein besonderes Verfahren überlegt. Alle Bewerber um ein Grundstück sollen an einer Verlosung teilnehmen. Konkret dürfen alle nacheinander aus einem Sack Lose mit einer Nummer ziehen. Es gibt zehn Grundstücke und zwanzig interessierte Bewerber. Die Lose sind mit den Zahlen 1 bis 20 nummeriert, und wer die höchste Zahl, also die 20, zieht, darf sich als erstes ein Baugrundstück aussuchen. Das nächste Grundstück wird an den Bewerber vergeben, der die 19 gezogen hat usw.

Sina und Folke stehen also mit den anderen Bewerbern am Rande des Baugebiets und sollen in wenigen Minuten ihr Los ziehen. Da wendet Folke ein, dass das Verfahren doch wohl ungerecht sei. Denn wenn sie beispielsweise als zweite ziehen dürften, hätten sie ja schon geringere Chancen, die höchste Nummer zu ziehen, denn diese hätte ja schon der erste Bewerber ziehen können. Sina sieht dies anders und argumentiert, dass nach der Logik ja auch geringere Chancen vorlägen, eine besonders niedrige Nummer zu ziehen, denn auch diese hätte ja schon gezogen worden sein können. Wer hat Recht? – Das kann man sich leicht überlegen, wenn man sich die Situation von Sina und Folke als zweites Paar, das ein Los ziehen darf, konkret klarmacht. Die ersten Bewerber haben eine Chance von 1/20, das Los mit der 20 zu ziehen. Für Sina und Folke gibt es nun zwei Möglichkeiten: Mit einer Wahrscheinlichkeit von 1/20 ist die 20 schon gezogen worden. In diesem Fall haben sie gar keine Chancen mehr, diese Zahl zu ziehen. Mit einer Wahrscheinlichkeit von 19/20 wurde im ersten Zuge aber nicht die 20 gezogen. Dann beträgt die Wahrscheinlichkeit, die 20 im zweiten Zug zu ziehen, genau 1/19, denn es sind ja nur noch 19 Lose in dem Sack. Zusammengerechnet haben Sina und Folke also $0 \times 1/20 + 1/19 \times 19/20 = 1/20$ Wahrscheinlichkeit, die 20 zu ziehen. Die Wahrscheinlichkeit ist also für die ersten und zweiten, die ziehen dürfen, genau gleich groß. Und ähnlich kann man sich klarmachen, dass dies für alle Bewerber und für alle Nummern auf den Losen gilt. Die Reihenfolge beim Ziehen spielt also keine Rolle.

Sina und Folke atmen also erleichtert auf und greifen in der Hoffnung auf ihr Traumgrundstück aufgeregt in den Sack mit Losen…

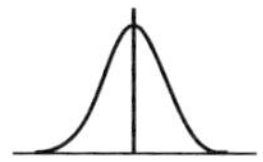

Verschwörungstheorien

Hat die Mondlandung vielleicht gar nicht stattgefunden? Ist der Klimawandel eine Erfindung einer Gruppe von Wissenschaftlern? Oder verheimlicht die Pharmaindustrie seit Jahren eine wirkungsvolle Krebstherapie? Diese und ähnliche Verschwörungstheorien kursieren seit Langem, vor allem seit es das Internet gibt. Und für den Einzelnen ist es in der Regel unmöglich, diese selbst nachzuprüfen. Trotzdem glauben die meisten Menschen nicht an solche Theorien. Ein wesentlicher Grund ist wohl, dass man davon ausgehen kann, dass bei vielen Verschwörungen so viele Personen involviert sein müssten, dass früher oder später einer von ihnen die Wahrheit preisgeben würde.

Aber nach welcher Zeit könnte man tatsächlich damit rechnen, dass eine Verschwörung von einem Mitwisser aufgedeckt wird? Mit dieser Frage hat sich nun der Physiker David Grimes von der Universität Oxford genauer auseinandergesetzt und seine Erkenntnisse in der wissenschaftlichen Zeitschrift „Plos One" veröffentlicht. Er hat dazu ein Modell aufgestellt, das in ähnlicher Form in vielen Bereichen, u. a. seinem Forschungsfeld der Strahlenphysik, Verwendung findet. Die wesentlichen drei Parameter dieses Modells sind die Anzahl der Personen, die von der Verschwörung Kenntnis haben müssten, die verstrichene Zeit und die Wahrscheinlichkeit, dass eine einzelne Person das Geheimnis preisgibt. Für die meisten Verschwörungstheorien ist es recht einfach, die ersten beiden Werte anzugeben. So fand die (vermeintliche) Mondlandung 1965 statt, und es wäre wohl nicht vermeidbar gewesen, dass eine große Zahl von NASA-Mitarbeitern

Kenntnis gehabt haben müsste. Den dritten Wert – die Wahrscheinlichkeit, dass eine einzelne Person das Geheimnis preisgibt – hat Grimes dann geschätzt, indem er die Zeit bis zur Enthüllung vergangener tatsächlicher Skandale betrachtet hat, etwa den NSA-Skandal.

Das Modell beinhaltet sicherlich einige Vereinfachungen der Realität. Trotzdem gibt es aber eine erste Einschätzung über obige Verschwörungstheorien. Nach diesem Modell hätte etwa eine vorgetäuschte Mondlandung mit größter Wahrscheinlichkeit innerhalb der ersten vier Jahre aufgedeckt werden müssen. Ähnliches könnte man für die anderen Skandale erwarten. Das liefert natürlich keine Sicherheit. Wenn Sie aber demnächst mit einer neuen Verschwörungstheorie konfrontiert werden, dann können Sie zur Einschätzung den Modellansatz von Herrn Grimes verwenden, um zu sehen, ob diese vor diesem Hintergrund plausibel erscheint.

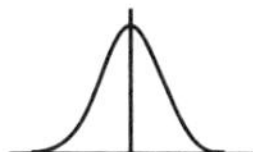

Verwirrung um Sterbetafeln

Die Lebensversicherungen werden oft als der Deutschen liebste Anlageform bezeichnet. Trotz aller Diskussionen aufgrund der momentan niedrigen Zinsen, spielen sie bei der Altersvorsorge nach wie vor eine wichtige Rolle. Dabei erscheint es uns heute völlig normal, dass unterschiedliche Kunden unterschiedliche Beiträge zahlen müssen. Ein wichtiger Faktor ist dabei natürlich das Alter. Das war aber nicht immer so. So wurden noch zu Beginn des 17. Jahrhunderts Leibrenten in der Regel unabhängig vom Alter des Käufers ausgegeben, was dazu führte, dass Nachfragende und Anbieter konträre Interessen hatten. Und so bildete die Frage, wie man den Preis solcher Versicherungsprodukte zumindest vom Alter des Versicherten abhängig machen sollte, eine der wesentlichen Triebfedern der modernen Statistik. Es wurden in der Folge an unterschiedlichen Stellen in Europa Statistiken zu den Todesfällen nach Alter differenziert erstellt.

Dabei wurde zu Beginn erwartet, dass eine ältere Person eine niedrigere Rest-Lebenserwartung haben müsste als eine junge. Das kam aber keineswegs heraus. So fand etwa der englische Astronom und Mathematiker Edmond Halley anhand von Daten aus der Stadt Breslau heraus, dass die mittlere Lebenszeit dort 26 Jahre betrug. Gleichzeitig starb aber die Hälfte der Neugeborenen vor dem 8. Lebensjahr. Die Ergebnisse der Statistik waren für viele Zeitgenossen derart paradox, dass ihre Verwendung hochumstritten war. Aber wie lassen sich die scheinbaren Widersprüche erklären? – Der Grund ist aus heutiger Sicht schnell einzusehen: Die Kindersterblichkeit in dieser Zeit war sehr hoch. Wenn nun aber eine Person das Kindesalter überlebt hatte, dann blieb sie oft noch viele Jahrzehnte am Leben. Die Rest-Lebenserwartung eines Zehnjährigen konnte also durchaus höher sein als die eines Neugeborenen. Und es gab durchaus immer wieder Menschen, die das Durchschnittsalter von 26 Jahren um ein Vielfaches überschritten, mit entsprechenden Auswirkung auf die Versicherungen.

Das Unverständnis über dieses statistische Paradoxon und die sich daraus ergebenden Anpassungen der Versicherungsbeiträge war der Auslöser wilder Streitereien. So soll eine vom holländischen „Ratspensionär" Johan de Witt veranlasste Tarifanpassung aufgrund von Statistiken einen Volksaufstand provoziert haben, in dessen Folge de Witt 1672 gelyncht wurde. Für de Witt wurden „Sterbetafeln" – also die statistische Aufbereitung von erwarteten Todeszeitpunkten – damit zur tödlichen Gefahr. Heute stellen sie allerdings die unumstrittene Basis zur Kalkulation jeder Lebensversicherung dar.

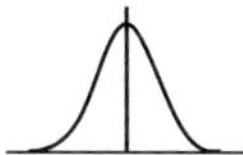

Risikorechner

In den Medien wird immer wieder über Onlinerechner berichtet, mit denen man sein individuelles Risiko berechnen kann, in den nächsten Jahren zu sterben. Dies mutet auf den ersten Blick makaber an. Es wird aber häufig damit begründet, dass Menschen mithilfe derartiger Tools erkennen können, ob sie einer Risikogruppe angehören und gegebenenfalls durch Veränderungen ihrer Lebensweise anschließend ihrer Gesundheit Gutes tun.

Einer dieser Rechner heißt „UBBLE" und basiert auf britischen Daten von 500.000 Befragten. Erstaunlich erscheint dabei, welche Fragen man beantworten soll. So wird neben plausiblen Aspekten wie dem Rauchverhalten auch danach gefragt, wie viele Autos man besitzt und ob man zu Fuß eher schnell oder langsam geht. Die Wissenschaftler hinter dem Rechner begründen dies damit, dass diese Aspekte stellvertretend für viele Faktoren stehen, die die Gesundheit beeinflussen würden. So ist davon auszugehen, dass eine größere Anzahl an Autos im Haushalt stellvertretend für höheren Wohlstand steht, und dieser geht mit einer höheren Lebenserwartung und somit einem geringeren Sterberisiko einher.

Was auf den ersten Blick plausibel erscheint, offenbart aber auch die größte Schwäche derartiger Berechnungen, denn sie können das Sterberisiko nur im Mittel berechnen. Das heißt, wenn man alle Faktoren eingegeben hat, wird das mittlere Sterberisiko für alle Personen mit diesen Eigenschaften errechnet und nicht das konkrete individuelle Risiko. So besitzt auch ein Sportwagensammler mehrere Autos und könnte aufgrund rasanten Fahrstils ein großes Gesundheits- und Sterberisiko aufweisen. Auf der anderen Seite könnten wohlhabende Bewohner einer Ökosiedlung bewusst auf ein Auto verzichten und durch ihre sonstigen Lebensumstände eine sehr gute Gesundheit aufweisen. Für den Sportwagenfahrer würde aber vom Rechner ein geringeres Sterberisiko ausgewiesen als für die Bewohner der Ökosiedlung.

Insofern sind derartigen Berechnungen für die individuelle eigene Gesundheit enge Grenzen gesetzt. Dieses kann auch daran nachvollzogen werden, dass beispielsweise ein schwacher Händedruck das Sterberisiko laut Rechner um 16 % senken soll. Verglichen mit etwa 1500 %, um die das Sterberisiko zwischen einer Person mit einem Alter von 70 Jahren gegenüber einem 40-Jährigen steigt, erscheinen solche Angaben allerdings als fast nebensächlich.

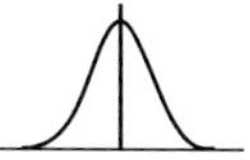

15-Tage-Wettertrend

Jürgen und Inge schauen die Tagesthemen – ein festes Ritual für die beiden. Im Anschluss an die Wettervorhersage fragt Jürgen seine Frau: „Du, Inge, die haben gerade für Kiel einen 15-Tages-Trend für die Temperatur vorgestellt. Dass die so etwas heute können, ist ja toll. Aber hast du die Grafik dazu verstanden? Da gab es so einen grauen Bereich um die Temperaturkurve." Inge zuckt die Schultern und vermutet, dass dieser Bereich andeuten soll, dass die Prognose immer unsicherer wird, je weiter sie in die Zukunft reicht.

Und tatsächlich ist genau dies der Fall. Konkret hängt die Unsicherheit unter anderem damit zusammen, dass man die exakte Wetterlage und ihre erwartete Fortentwicklung nicht präzise abbilden kann. Daher werden diese Anfangsbedingungen des Modells 50-mal leicht verändert und damit die Prognose anhand eines physikalischen Wettermodells berechnet. Es ergeben sich daraus 50 verschiedene Prognosen für die Tageshöchsttemperatur, von denen davon ausgegangen wird, dass sie mit gleicher Wahrscheinlichkeit eintreten. Allerdings werden diese nicht alle in den Tagesthemen ausgewiesen. Stattdessen wird die mittlere Variante der Temperaturprognose als weiße Linie dargestellt, um die sich eine graue Schattierung nach oben und unten anschließt. Für den grauen Bereich werden jeweils 10 % der prognostizierten

Temperaturen nach oben und unten abgeschnitten, sodass die Schattierung die Entwicklung der Temperatur mit 80-prozentiger Wahrscheinlichkeit darstellt. Die zunehmende Unsicherheit der Prognose der Temperatur kann also tatsächlich in dem zunehmend weiteren grauen Bereich um die Temperaturkurve abgelesen werden.

Betrachtet man nun im Rückblick die Temperatur z. B. für das Wochenende 7. und 8. November (Abb. 14), dann ist das Modell eine Woche vorher tatsächlich schon von einem deutlichen Temperaturanstieg ausgegangen. Dass es am Samstag, 14.11.2015, in Kiel aber rekordverdächtige 16,5 °C Tageshöchsttemperatur geben würde, hat das Modell nicht ganz angenommen. Aber es soll die Temperatur ja auch nur mit 80-prozentiger Wahrscheinlichkeit richtig vorhersagen.

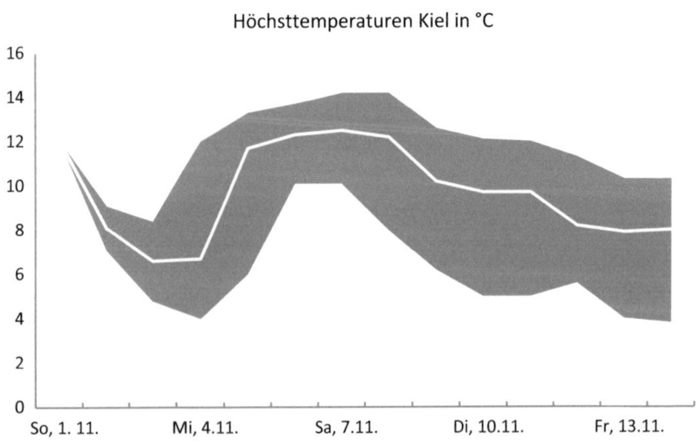

Abb. 14 15-Tage-Wettertrend vom 01.11.2015 in Kiel. Frei nach: http://www.daserste.de/information/nachrichten-wetter/wetter/wetter-trend-100.html?place=KIEL, am 1. November 2015

Dass man in den Tagesthemen die Temperatur für die kommende Woche also bis auf einige Grad genau vorhersagen kann, dabei allerdings auch nur mit 80 % Wahrscheinlichkeit richtigliegt, findet Jürgen jetzt nicht mehr so erstaunlich.

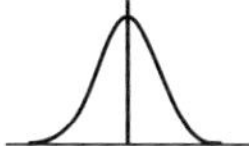

Doppelte Verwandtschaft

Nächstes Wochenende ist es soweit: Torben und Lena werden heiraten, und die Vorfreude ist natürlich groß. Und zu organisieren gibt es auch noch so viel! Da tut es beiden gut, dass sie am Abend noch Gelegenheit finden, bei einem Glas Rotwein die Hochzeit im Geiste durchzugehen. Plötzlich stellt Lena fest, dass sich durch die Heirat ja auch ihre Verwandtschaft im Mittel schlagartig verdoppeln wird. Torben stimmt – halb mit Freude, halb mit einem Seufzer – zu, kommt dann aber doch ins Grübeln. Lena hat viele Verwandte, insgesamt umfasst ihre direktere Verwandtschaft 40 Personen. Torben hingegen hat nur 10 Verwandte. Die gesamte Verwandtschaft wird nach der Hochzeit also 50 Personen umfassen. Für Lena erhöht sich die Anzahl der Verwandten um 25 %, sie hat nach der Hochzeit also das 1,25-Fache an Verwandtschaft. Für Torben hingegen kommt das Vierfache seiner bisherigen Verwandtschaft hinzu, er hat nach der Hochzeit also fünfmal so viele Verwandte wie bisher. Nimmt man einfach den Durchschnitt der beiden Faktoren 1,25 und 5, dann ergibt das im Mittel einen Zuwachs an Verwandtschaft auf das 3,125-Fache. Das ist irgendwie nicht nachvollziehbar, da Lenas intuitive Annahme einer Verdoppelung der Verwandtschaft im Mittel doch so bestechend plausibel erscheint. Wie kann das sein?

Nehmen wir einmal gedanklich Abstand von dem Hochzeitsbeispiel und stellen uns zwei Sparbücher vor. Auf dem einen liegt ein Kapital von 40.000 € bei 2 % Zinsen. Auf dem anderen liegen 10.000 € bei 1 % Zinsen. Nach einem Jahr kommen also 800 € Zinsen auf dem ersten und 100 € auf dem zweiten Konto hinzu. Insgesamt macht das 900 € Zinsen auf 50.000 € Anfangskapital, was 1,8 % Zinsen entspricht. Dieses ist eindeutig nicht die Hälfte von 1 % und 2 %, und man wäre wahrscheinlich auch gar nicht auf die Idee gekommen, aus den beiden Zinssätzen einfach den Durchschnitt zu berechnen. Wenn man hier den Durchschnitt sinnvoll berechnen möchte, muss man einen gewichteten Durchschnitt verwenden: Auf 80 % des Kapitals erhält man 2 % Zinsen, auf 20 % des Kapitals 1 % Zinsen, sodass der mittlere Zinssatz als $0,8 \times 2\,\% + 0,2 \times 1\,\% = 1,8\,\%$ berechnet wird.

Und ebenso ist es bei Torben und Lenas Verwandtschaft nach der Hochzeit. Lenas Verwandtschaftszuwachs fällt viel stärker ins Gewicht als Torbens, weil 80 % der Verwandtschaft von ihrer Seite stammen. Der Durchschnitt berechnet sich in diesem Fall als $0,8 \times 1,25 + 0,2 \times 5 = 2$. Für beide verdoppelt sich die Verwandtschaft im Mittel also doch.

Unwahrscheinlich

Über das Problem, sich besonders große Zahlen zu veranschaulichen, haben wir im ersten Band dieses Buchs schon berichtet. Aber wie funktioniert das bei besonders kleinen Zahlen?

Nehmen wir beispielsweise die Wahrscheinlichkeit, einen Sechser beim Lotto 6 aus 49 zu gewinnen, die wir schon im zweiten Kapitel diskutiert haben: Diese beträgt 0,0000072 %, wobei wir dabei erst einmal die Superzahl außer Acht lassen. Dass 0,0000072 % nicht wirklich wahrscheinlich ist, dürfte offensichtlich sein. Um sich die Wahrscheinlichkeit zu veranschaulichen, hilft es, diese anders auszudrücken: 1:13.983.816. Das bedeutet, dass auf knapp 14 Mio. mögliche Ergebnisse beim Lotto eines mit den korrekten Zahlen fällt. Aber auch dieses ist natürlich noch nicht anschaulich. Wir müssen also versuchen, uns einen einzigen Fall von 14 Mio. vorzustellen.

Nehmen wir beispielsweise ein Paket Kopierpapier. Darin sind 500 Blatt, und das Paket ist 5 cm dick. 14 Mio. Blätter übereinandergestapelt wären dann 1400 m hoch, was fast der fünffachen Höhe des Eifelturms entspricht. Ein Blatt sei im Vorwege mit einem Kreuz versehen worden. Sie dürften nun aus diesem hohen Papierstapel genau ein Blatt ziehen. Die Wahrscheinlichkeit, beim Lotto einen 6er zu gewinnen, entspricht der Wahrscheinlichkeit, genau dieses eine markierte Blatt zu erwischen.

Eine andere Veranschaulichung der Wahrscheinlichkeit hat einmal der Wissenschaftsjournalist Christoph Drösser beschrieben. Stellen Sie sich vor, Sie würden nachts auf der

Autobahn von Hamburg nach Berlin fahren. Irgendwo auf der Strecke sei eine hohe, 2 cm breite Leiste am Wegesrand aufgestellt worden, wobei Sie diese Leiste aufgrund der Dunkelheit nicht sehen können. Ihre Aufgabe läge nun darin, irgendwann bei der Fahrt das Fenster zu öffnen und mit einer Pistole gerade auf den Fahrbahnrand zu schießen. Die Wahrscheinlichkeit, die Leiste zu treffen, entspricht wiederum der Wahrscheinlichkeit des 6ers beim Lotto.

Anhand der Beispiele kann man sich nun auch leicht veranschaulichen, wie sich die Wahrscheinlichkeit ändert, wenn zusätzlich zum 6er auch die Superzahl richtig sein soll. Da für die Superzahl zehn Zahlen infrage kommen, sinkt die Wahrscheinlichkeit auf 1:139.838.160. Der Papierstapel, aus dem Sie ein Blatt ziehen sollen, wäre nun 14 km hoch und würde damit auch Flugkapitänen in Reiseflughöhe Probleme bereiten. Und bei der Autofahrt müssten Sie nun auf der Strecke von Hamburg nach Gibraltar aus dem Fenster schießen.

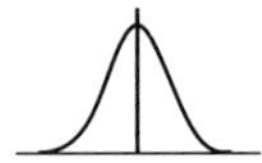

Volle Züge?

2017 hat die Deutsche Bahn aktuelle Zahlen zur Auslastung der Züge im Fernverkehr bekannt gegeben. Danach lag die Auslastung im ersten Halbjahr bei 54,5 %, was die Chefin des Fernverkehrs, Birgit Bohle, mit „Es ist ziemlich voll in den Zügen" kommentierte. Und tatsächlich werden viele Leserinnen und Leser vermutlich spontan Bilder im Kopf haben, auf denen nahezu alle Plätze in den Zügen belegt waren und vielleicht sogar Reisende in den Gängen standen oder saßen. Aber wie ist dies damit vereinbar, dass die Auslastung doch nur knapp über 50 % lag? – Denn dies würde ja bedeuten, dass im Mittel knapp jeder zweite Platz unbenutzt geblieben wäre.

Der Hauptgrund dürfte darin liegen, dass in einem vollen Zug viel mehr Menschen fahren als in einem leeren Zug. Dies mag banal klingen, führt aber dazu, dass ein großer Anteil der Reisenden das Erlebnis hat, in einem vollen oder sogar überfüllten Zug gefahren zu sein. Ein Extrembeispiel kann dies plastisch verdeutlichen. Betrachten wir zwei Züge mit der gleichen Sitzplatzkapazität. In dem ersten liegt eine Auslastung von 90 % vor, der Zug ist also extrem voll. In dem zweiten Zug – vielleicht ein Zug am späten Abend – herrscht hingegen lediglich eine Auslastung von 10 %, die Reisenden dieses Zuges werden den Zug als sehr leer empfinden. Daraus ergibt sich zwar eine mittlere Auslastung von 50 %, aber 90 % aller Reisenden haben in einem überfüllten Zug gesessen. Das heißt, kaum jemand von ihnen hat das Erlebnis, dass es auch leere Züge gibt.

Wenn man dann noch berücksichtigt, dass volle Züge häufig nur auf gewissen Abschnitten einer Reise auftreten – also z. B. auf der Fahrt mit dem ICE von Hamburg nach München, vor allem um Frankfurt herum – bleibt vielleicht trotzdem der Eindruck eines insgesamt überfüllten Zuges im Gedächtnis hängen.

Der Fahrgast kann die unterschiedliche Auslastung der Züge aber auch zum eigenen Vorteil nutzen, sofern er flexibel reisen kann. Sonderauswertungen der Deutschen Bahn zeigen, dass das Problem sehr voller Züge vor allem an Donnerstagen, Freitagen und Sonntagen auftritt. Wer also z. B. am Dienstag, dem Tag mit der geringsten Auslastung, reisen kann, mag sich später vielleicht an eine herrlich entspannte Fahrt in einem eher leeren Zug zurückerinnern – auch wenn dies nicht vielen Reisenden vergönnt ist.

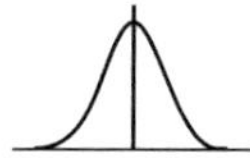

Einschaltquote

Hans ist genervt. Kaum zurück vom Skatspiel mit den Freunden, hat er sich in den Fernsehsessel fallen lassen und musste dann feststellen, dass seine seit Jahren geliebte Sendung „Abenteuer mit Rute und Blinker" einfach aus dem Programm genommen wurde. Er klagt seiner Frau Erna sein Leid: „Das ist mal wieder typisch! Da nehmen die beim Fernsehen einfach die beliebteste Sendung aus dem Programm. Die haben doch einfach gar keine Ahnung!" Statt ihm zuzustimmen, schüttelt Erna den Kopf und erklärt ihm, dass Einschaltquoten gemessen werden und danach ermittelt wird, wie beliebt Sendungen sind.

Doch wie funktioniert die Messung der Einschaltquoten eigentlich? – Die Einschaltquote gibt je Sendung an, wie hoch der Anteil der Haushalte lag, in denen die Sendung gesehen wurde. Dabei wird aber natürlich nicht in jedem Haushalt kontrolliert oder gemessen, wann der Fernseher mit welchem Programm läuft. Stattdessen wurden in Deutschland 5000 Haushalte ausgewählt, die die Bevölkerung möglichst gut repräsentieren sollen. In diesen wird dann an allen Fernsehern ein Messgerät installiert, das die sekundengenaue Nutzung der Fernseher – differenziert nach den einzelnen Haushaltsmitgliedern – an ein Marktforschungsunternehmen übermittelt. Daraus werden dann mittels einer Hochrechnung die Einschaltquoten für die gesamte Bundesrepublik errechnet.

Ernas Erklärung kann Hans nicht beruhigen. Aus seiner Sicht ist es schließlich auch ein Unterschied, ob er mit voller Konzentration seine tägliche Lieblingssendung in sich aufsaugt oder ob bei seinem Enkel Ben von morgens bis abends dessen Musiksender im Hintergrund dudelt. Das erfasst die Quote nämlich nicht. Erna wendet ein, dass Ben seine Sendungen inzwischen nur noch im Internet sieht, was bisher nicht komplett in die Quote einfließt. „Daran sieht man ja, dass man der Quote nicht trauen kann", findet Hans. Als er aber seine 5 DVD-Boxen mit den bisherigen Folgen von „Abenteuer mit Rute und Blinker" im Schrank erblickt, verbessert sich seine Laune deutlich.

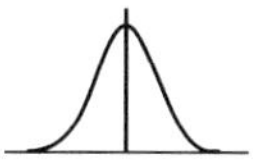

Schlaglöcher aufspüren

Auch den Schleswig-Holsteinern sind sie gerade nach Frostperioden ein wohlvertrautes Ärgernis: Schlaglöcher in der Fahrbahndecke. Fährt man mit dem Auto durch eines hindurch, dann schwappt vielleicht der gerade besorgte Kaffee über und auch die Stoßdämpfer leiden. Aber ist es wirklich vorstellbar, dass Statistik sogar beim Schlaglochproblem helfen kann?

Insbesondere bei großen Straßennetzen ist schon das Aufspüren der reparaturbedürftigsten Schlaglöcher ein schwieriges Unterfangen. Traditionell können Straßenschäden durch die Bürger über eine Hotline an die zuständigen Behörden gemeldet werden, oder Mitarbeiter der Straßenbauämter suchen selbst systematisch danach. Beide Vorgehensweisen haben aber Nachteile. So sind die gemeldeten Schäden vielleicht nicht die wichtigsten, oder die Straßenmeistereien bekommen die größten Ärgernisse erst nach vielen Monaten zu Gesicht. Einen ganz anderen Weg, um die wichtigsten Schlaglöcher rechtzeitig zu finden, hat seit einigen Jahren die US-amerikanische Stadt Boston eingeschlagen. Dort wurde eine App für Mobiltelefone entwickelt, die jeder Autofahrer kostenlos herunterladen kann. Diese wird während einer Autofahrt aktiviert, wobei das Smartphone auf dem Armaturenbrett des Wagens liegt. Dort registriert es Erschütterungen und sendet diese zusammen mit der Ortsangabe an die Stadtverwaltung von Boston. So kann diese feststellen, wo Schlaglöcher vorhanden sind, und zuerst die ausbessern, von denen viele Fahrer betroffen sind.

Ganz so einfach, wie dies im ersten Moment klingt, ist es dann aber natürlich doch nicht. Bei der Auswertung der Daten ist nämlich einiges zu bedenken. So können Erschütterungen des Handys ja auch ganz andere Ursachen haben: Etwa kann der Fahrer einen Bahnübergang überqueren, was auch eine Erschütterung hervorruft. Außerdem nutzen wesentlich mehr junge als ältere Fahrer die App, sodass Schlaglöcher in Gegenden mit einer älteren Bevölkerung oft weniger registriert werden. An dieser Stelle kommen statistische Verfahren ins Spiel, die diese Faktoren berücksichtigen und korrigierte Schlaglochkarten erstellen. Inzwischen scheint das System gut eingespielt zu sein. So wird es auch in Boston zwar weiter Schlaglöcher geben, diese werden aber hoffentlich mithilfe von Statistik schneller und effektiver gefunden und beseitigt.

Alles neu in der Meinungsforschung?

Meinungsforschungsinstitute haben sich in der letzten Zeit nicht immer mit Ruhm bekleckert, etwa bei der US-Präsidentenwahl oder beim Brexit. In dem Abschnitt „Was ist Bayes-Statistik" weiter oben haben wir ja schon einen speziellen Aspekt moderner Verfahren beleuchtet. Seit einiger Zeit mischt auch SPIEGEL ONLINE dabei mit. Regelmäßig sind dort Prognosen für Wahlen und andere aktuelle Stimmungsbilder zu lesen. Wesentliche

Grundlage sind die Angaben von SPIEGEL-ONLINE-Lesern, die sich zu diesem Zweck registrieren können. Die Auswertung wird dann von einem jungen Start-Up-Unternehmen namens Civey übernommen, das auf den Markt drängt und nicht weniger behauptet, als dass es die Szene revolutionieren kann. Was steckt tatsächlich dahinter?

Um diese Frage beantworten zu können, muss man erst einmal verstehen, wie Meinungsforschung eigentlich funktioniert. Die Idee ist natürlich jedem bekannt: Es ist etwa vor der Bundestagswahl nicht möglich, alle Wähler zu befragen. Daher begnügt man sich mit Stichproben, die meist wenige tausend Personen umfassen. Diese stehen dann stellvertretend für alle Wähler. Damit diese Auswahl ausreicht, sollten die Befragten in möglichst allen Merkmalen die Gesamtwählerschaft gut widerspiegeln. Man sollte also z. B nicht nur junge Leute oder nur Hundebesitzer befragen. Lehrbuchmäßig funktioniert dies bei einer Zufallsauswahl, wenn also alle Wähler die gleiche Wahrscheinlichkeit haben, in die Stichprobe aufgenommen zu werden. Dann ist auch die objektivste Auswertungsart erfolgsversprechend: Als Prognose für die Stimmenanteile der Parteien werden einfach die Anteile in der Stichprobe verwendet. Weil man nicht alle Wähler befragt hat, ist dies dann mit einem Fehler behaftet. Dieser Stichprobenfehler lässt sich aber recht präzise statistisch eingrenzen. Ein Stichprobenfehler wird bei einigen Umfrageergebnissen auch mit angegeben, so z. B. bei der „Sonntagsfrage" von infratest dimap, wo die Fehlertoleranz bei 1000 Befragten für große Parteien bei plus/minus drei Prozentpunkten liegt. Bei kleinen Parteien ist sie etwas geringer.

Es ist aber leicht einzusehen, dass eine echte Zufallsauswahl in der Realität kaum gewährleistet werden kann. Ein sich verstärkendes Problem ist nämlich, dass ein großer Teil der zufällig ausgewählten Personen z. B. für ein Telefoninterview gar nicht erreicht wird. Antworteten vor zehn Jahren in den USA im Mittel immerhin noch rund 40 % der Angerufenen, so ist es heute oft nicht einmal jeder zehnte. Und es ist schwer abzuschätzen, welche Gründe dafür vorliegen: Datenschutzbedenken, Desinteresse, viele sonstige Verpflichtungen…? Außerdem kann niemand gezwungen werden, bei der Umfrage sein wirkliches Wahlverhalten zu offenbaren. Und selbst wenn jemand dies tut, ist unklar, ob er später wirklich zur Stimmabgabe gehen wird. Erschwerend kommt hinzu, dass man sämtliche Merkmale der befragten Gruppe nur schwerlich kennen dürfte, sodass selbst eine nachträgliche Überprüfung, ob eine Stichprobe repräsentativ ist, kaum möglich ist.

Die traditionelle Meinungsforschung bedient sich daher einiger statistischer Kniffe, um diese Probleme zu umgehen. So unterteilt man die Wahlbevölkerung nach wichtigen Merkmale wie z. B. Alter, Geschlecht und Region – sogenannten Schichten – und versucht anschließend, aus diesen Schichten möglichst zufällig ausgewählte Personen zu befragen. Dabei kann man zusätzlich korrigierend eingreifen, indem anschließend überprüft wird, ob die Merkmale der befragten Personen die gleiche Verteilung aufweisen wie die der Gesamtwählerschaft. Gibt es hierbei Abweichungen, können einzelne Befragungsteilnehmer in der Auswertung herunter- oder heraufgewichtet werden. Gibt es z. B. etwas zu wenige Männer in der Stichprobe, gewichtet man deren Antworten etwas höher, die Antworten der Frauen etwas geringer. Das derart erzeugte Ergebnis soll dann wieder repräsentativ sein.

Wie gut das Ergebnis dieses Verfahrens ist, ist in erster Linie von den bekannten und vor allem von den relevanten Merkmalen abhängig. Welche man dabei auswählt und wie man diese gewichtet, ist oft mindestens so viel Kunst wie harte Wissenschaft. So kann schon die Auswertung der gleichen Umfrageergebnisse bei unterschiedlichen Instituten zu verschiedenen Ergebnissen führen. Die New York Times machte dieses vor der US-Präsidentschaftswahl eindrücklich klar. Die New York Times gab die Rohdaten der eigenen Umfrageergebnisse für den Staat Florida zur Auswertung an vier weitere seriöse Meinungsforschungsinstitute. In den einzelnen Auswertungen war von einem leichten Vorsprung für Donald Trump bis zu einer 4-Prozentpunkte-Führung von Hillary Clinton alles vertreten. Da diese Umfrage Monate vor der eigentlichen Wahl durchgeführt wurde, lässt sich nicht feststellen, welches der Ergebnisse am ehesten der tatsächlichen Stimmung in der Bevölkerung entsprach.

Dieses Beispiel zeigt eindrücklich, mit wie viel Vorsicht ein veröffentlichter Stichprobenfehler interpretiert werden muss. Dieser gibt zwar den Fehler an, der dadurch zustande kam, dass nicht die gesamte Bevölkerung befragt wurde. Im genannten Beispiel wird die Fehlerquote bei allen Instituten recht klein sein. Die Unsicherheit bei der Auswahl des Verfahrens fließt jedoch nicht in die Fehlerquote mit ein.

Traditionelle Umfragetechniken sind offensichtlich mit Problemen behaftet. So ist es verlockend, aus der Not eine Tugend zu machen und schon bei der Datenerhebung nicht den Anspruch einer echten Zufallsauswahl zu erheben. Diesen Ansatz verfolgt das von Civey auf SPIE-GEL ONLINE eingesetzte Verfahren. Die Befragung wurde neben der SPIEGEL-Website auch auf 3000 weiteren Seiten eingebunden. Die gesammelten Daten von allen Websites wurden dann zusammengefasst und ständig durch neu hinzukommende Angaben ergänzt. Die Leser dieser Seiten müssen sich aktiv dafür entscheiden, ob sie daran teilnehmen möchten oder nicht. Das Verfahren ist zwar günstig, die Auswahl der Teilnehmenden dürfte aber sicher nicht repräsentativ für die Gesamtbevölkerung sein. Besonders deutlich wird es daran, dass z. B. ältere Menschen ohne Internetzugang automatisch ausgeschlossen sind. Auch wird sich ein Wähler, der eine andere politische Grundeinstellung hat als die der benutzten Nachrichte-Websites, deutlich seltener zur Umfrage verirren.

Um diese Verzerrungen zu korrigieren, ist die Art der Nachbearbeitung noch wichtiger als nur die Antwort auf die „Sonntagsfrage". Wie bei klassischen Wahlumfragen werden erst einmal Alter, Geschlecht und Region des Wohnortes abgefragt, um zu wissen, von wem die Antworten sind. Das allein würde aber nicht reichen, um wirklich verlässliche Ergebnisse zu erhalten. Eine wesentliche weitere Idee ist, die große Datenmenge und den ständigen Datenfluss zu nutzen. Möchte man etwa 5000 Antworten von vielen unterschiedlichen Websites zu einem Thema auswerten, sind die aktuellsten Ergebnisse natürlich am nützlichsten. Waren bei den letzten Teilnehmern aber z. B. mehr Antworten von Männern, so geht man einfach noch ein wenig weiter in der Historie zurück, um auch 2500 Antworten von Frauen einbinden zu können.

Das Ziel dieses Vorgehens ist es, dass möglichst viele unterschiedliche Bevölkerungsgruppen in ausreichender Zahl für die Auswertung berücksichtigt werden können und die Antworten aktuell sind. Anschließend werden die einzelnen Antworten – wie bei der traditionellen Meinungsforschung – anhand der bekannten Merkmale nachgewichtet. Im Grunde genommen versucht man hier also ebenfalls, die vorhandenen Informationen zusammenzuführen und mittels einer Korrektur in einem repräsentativen Ergebnis darzustellen. Analog zur traditionellen Umfragetechnik wird auch bei dem Verfahren von Civey die statistische Fehlertoleranz angegeben. Beim letzten SPIEGEL-ONLINE-Wahltrend wurde der statistische Fehler mit 2,5-Prozentpunkten ausgewiesen bei gut 7500 Befragten.

Kann das Verfahren also überhaupt funktionieren? Noch mehr als bei traditionellen Wahlbefragungen tritt bei dem Civey-Ansatz die Frage auf, wie gut die Auswahl der eingesammelten Wählermeinungen funktioniert und wie die Nachgewichtung stattfindet. Ob beides gut klappt oder nicht, hängt stark von der Kunst der Macher ab. Ein Vorteil des Civey-Ansatzes ist, dass Stimmungsänderungen im Laufe der Zeit gut abgebildet werden können, wenn die Teilnehmer mehrfach antworten sollten.

Klar ist aber: Auch die beste Statistik ist keine Zauberei. Man kann eben nur die vorliegenden Informationen nutzen. Nehmen also trotz des Einsammelns von Daten auf 3000 Websites doch fast nur bestimmte Gruppen von Wählern an den Umfragen teil, hilft auch die beste Nachgewichtung nichts. Und ob die Datengrundlage ausreichend ist oder nicht, kann man als Außenstehender leider nicht ohne Weiteres an einer einfachen Kennzahl – wie dem Stichprobenfehler o. Ä. – erkennen. Ob mit diesem Ansatz also genauso gute oder sogar bessere Ergebnisse als mittels der traditionellen Meinungsforschung erzielt werden können, das wird sich wohl erst mit der Zeit zeigen. Und auch diese Evaluation anhand von Wahlergebnissen ist schwierig, da immer fraglich ist, ob die Teilnehmer an solchen Befragungen tatsächlich ehrliche Antworten geben oder z. B. sozial erwünscht antworten. Außerdem verhalten sich Wähler an der Wahlurne vor dem Hintergrund der letzten Befragungen zum Teil strategisch. Worin also Gründe für mögliche Abweichungen zwischen letzten Wahlprognosen und tatsächlichen Wahlergebnissen liegen, kann schlussendlich niemals sicher gesagt werden.

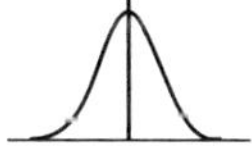

Denken Sie immer falsch positiv!

Scharlach grassiert immer wieder in Kindergruppen, so auch im Kindergarten, in den einer der Autoren dieses Buchs seine Tochter bringt. Die bakterielle Infektionskrankheit ist hochansteckend und wird beim Sprechen, Husten und Niesen über Speicheltröpfchen übertragen. Da Scharlach mit Spätfolgen wie rheumatischen Entzündungen des Herzbeutels und der Herzklappen einhergehen kann, wird die Krankheit zumeist mit Antibiotika behandelt.

Im vorliegenden Fall zeigte das Kind die typischen Symptome von Scharlach. Als wir bei der Anmeldung in der Arztpraxis unsere Vermutung auf Scharlach nannten, machte die Sprechstundenhilfe sogleich einen Streptokokken-Test mittels Rachenabstrich. Der Schnelltest zeigte keine Scharlachinfektion an, sodass wir mit unserer Tochter im Wartezimmer Platz nehmen konnten.

Hätte der Schnelltest hingegen positiv auf Scharlach reagiert, hätten wir von den anderen wartenden Patienten abgetrennt auf die ärztliche Untersuchung warten sollen, um keine weiteren Kinder zu infizieren. Bei der folgenden Untersuchung zeigten sich die typischen Scharlachsymptome dann allerdings so deutlich, dass doch Scharlach diagnostiziert wurde. Womöglich hat die Tochter während der Wartezeit also weitere Kinder angesteckt. War das ein Einzelfall oder ist der zugrunde liegende Schnelltest nicht aussagekräftig?

Wir haben im ersten Kapitel schon festgestellt, dass die oft verwendete Trefferquote zur Beantwortung dieser Frage nicht besonders hilfreich ist. Stattdessen kommen die Begriffe Sensitivität und Spezifität ins Spiel.

Unter Sensitivität versteht man die Prognosegüte, mit der Schnelltests eine tatsächlich vorhandene Scharlachinfektion richtig anzeigen – die sogenannte richtig-positive Prognose. Im Gegensatz dazu versteht man unter Spezifität die Wahrscheinlichkeit, dass eine nicht vorhandene Scharlach-Infektion korrekt angezeigt wird – die sogenannte richtig-negative Prognose. Studien zeigen, dass bei den verwendeten Scharlachschnelltests in der Anwendung in der Praxis sowohl die Sensitivität als auch die Spezifität bei etwa 95 % liegt.

Im vorliegenden Fall bedeutet eine Sensitivität von 95 %, dass von 20 Kindern mit Scharlach im Schnitt 19 ein korrektes Testergebnis („Scharlach liegt vor") erhalten. Eines wird aber die falsche Bewertung „kein Scharlach" erhalten. 19 Kinder würden also von den anderen wartenden Patienten separiert, um kein weiteres Kind anzustecken.

Ein Kind würde aber – wie in unserem Fall – ganz normal ins Wartezimmer geschickt und könnte dort weitere Kinder anstecken. Ohne eine weitere ärztliche Untersuchung würde dieses eine Kind vermutlich auch nicht gegen Scharlach behandelt werden, sodass es Gefahr laufen könnte, Komplikationen davonzutragen.

Eine Spezifität von 95 % bedeutet etwas anderes: Für 20 Kinder ohne Scharlach wird der Test im Mittel bei 19 angeben, dass kein Scharlach vorliegt. Einem Kind wird aber vorläufig falsch diagnostiziert, dass es Scharlach hat. Ohne weitere ärztliche Einschätzung könnte es im schlimmsten Fall eine unnötige Behandlung mit Antibiotika erhalten.

Die Höhe von Sensitivität und Spezifität spielt eine entscheidende Rolle in der schnellen Beurteilung der Krankheit des Kindes. Natürlich wünscht man sich Tests, bei denen sowohl die Spezifität als auch die Sensitivität hoch sind. Oft muss man sich bei der Auswahl von Tests aber für das eine oder das andere entscheiden.

Aber welcher Wert ist dann wichtiger? Das hängt ganz von der Situation ab. In unserem Scharlach-Beispiel ist wohl die Sensitivität besonders wichtig, damit verhindert wird, dass tatsächlich kranke Kinder andere Patienten im Wartebereich anstecken. Da die Kinder anschließend sowieso gründlich vom Arzt untersucht werden, sollte andererseits eine falsch-negative Prognose in der Regel kein Problem sein.

Regelrecht paradox geht es zu, wenn viele Menschen auf eine seltene Krankheit getestet werden. Stellen wir uns dazu vor, dass – etwa als Prophylaxemaßnahme bei einer Schuluntersuchung – an einem Morgen in den Schulen Schleswig-Holsteins ein Scharlachschnelltest bei Erstklässlern durchgeführt wird. Spezifität und Sensitivität sollen wieder bei je 95 % liegen.

Von den 20.000 Schülern, die sich auf die Krankheit testen lassen, haben vielleicht lediglich 100 tatsächlich Scharlach. Was diese niedrige sogenannte Basisrate für Auswirkungen hat, lässt sich gut am Baumdiagramm in Abb. 15 nachvollziehen.

Von den insgesamt 1090 Schülern, die ein positives Testergebnis erhalten, haben also lediglich 95 tatsächlich Scharlach, also gerade einmal 8,7 %! Fast 1000 kerngesunde Schüler würden also als vermeintlich an Scharlach erkrankt nach Hause geschickt.

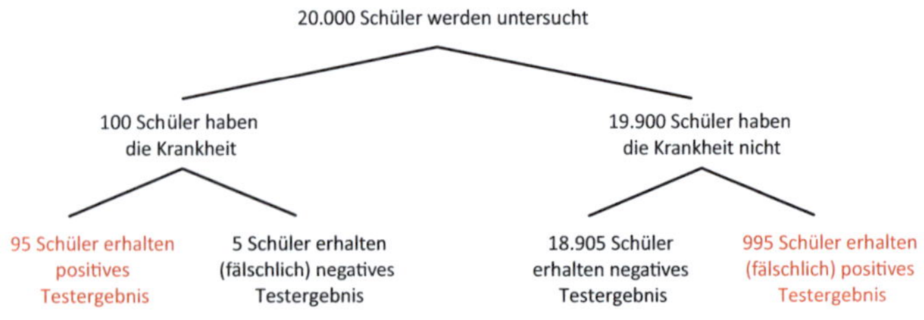

Abb. 15 Baumdiagramm für selten auftretende Erkrankung

Und hier wird es paradox: Der Test zeigt mit 95-prozentiger Sicherheit eine Infektion richtig an. Und trotzdem ist nicht einmal einer von zehn positiv Getesteten tatsächlich betroffen.

Selbst bei 99 % Sensitivität und Spezifität – Werte, die eigentlich eine extrem hohe Güte des Tests anzeigen – läge der Anteil falsch-positiv getesteter Personen aufgrund der geringen Basisrate immer noch bei 66,8 %.

In unserem Scharlach-Beispiel sind die Auswirkungen noch überschaubar; es würden lediglich viele Kinder einen freien Schultag haben und unnötigerweise den Arzt aufsuchen. Ein ganz ähnlicher Effekt tritt aber bei vielen Massenuntersuchungen von – zum Glück – seltenen Erkrankungen auf, etwa beim Mammografie-Screening auf Brustkrebs oder auch beim PSA-Test auf Prostatakrebs.

Dabei ist es für die Einordnung unerlässlich zu wissen, dass ein positives Testergebnis nicht bedeuten muss, dass tatsächlich eine schwere Krankheit vorliegt. Wie in unserem Beispiel kann es sogar eher die Regel sein, dass der Test positiv ist, obwohl keine Erkrankung vorliegt. Und das trotz hoher Sensitivität und Spezifität. In jedem Fall sollten die statistischen Hintergründe behandelnden Ärzten und auch den Patienten bewusst sein, um eine unnötige Verunsicherung und Ängste zu vermeiden.

Losen für Demokratie und Rechtsstaat

Wir haben in diesem Kapitel ja schon ausführlich berichtet, wie Zufall unser aller Leben beeinflusst. Aber dass ein Losverfahren das Rückgrat für Demokratie und Rechtsstaat bilden soll? – Das kommt uns heutzutage wohl eher befremdlich vor. Ganz anders war es im antiken Athen. Damals wurden viele öffentliche Ämter mittels Losen bestimmt, so auch die Richterschaft. Hauptgrund war, dass man hoffte, auf diese Weise Korruption und Hinterzimmerabsprachen vorbeugen zu können. Außerdem hing es – zumindest in der Gruppe der Athener Bürger – nicht vom sozialen Status ab, wer als Richter zum Zuge kam.

Dafür wurden aber hunderte, teilweise gar tausende freiwillige Richterkandidaten benötigt, die sich alle zu den Prozesstagen dafür versammelten. Aus dieser Gruppe wurden dann die Richter ausgelost. Wenn man die langwierigen Ziehungen der Lottozahlen im Kopf hat, ist bei dem athenischen Verfahren nicht ganz klar nachvollziehbar, wie diese Auswahl praktisch ablief. Mit dieser Frage beschäftigten sich Wissenschaftler der Universität Hamburg um die Historikerin Prof. Dr. Kaja Harter-Uibopuu. Sie bauten ein Kleroterion, eine antike Losmaschine, möglichst originalgetreu nach. Dabei handelt es sich um einen hohen Kasten, in den die Kandidaten kleine Tafeln mit ihren Namen stecken. Entsprechend der Anzahl wurden dann schwarze und weiße Kugeln eingeführt und Kugeln wie Namenstafeln nacheinander gezogen. Bei Ziehung einer weißen Kugel wurde der

Kandidat zum Richter für diesen Tag ernannt, bei einer schwarzen nicht. Anschließend wurden auch noch die Gerichtssäle zufällig zugewiesen.

Dies mag uns lang zurückliegend erscheinen. Aber auch heute noch werden Lose als Element der Demokratie eingesetzt. So wurde vor einigen Jahren in Irland ein 99-köpfiges Gremium zur Beratung der Frage eingesetzt, ob die Ehe für gleichgeschlechtliche Paare geöffnet werden sollte. Diese Kommission bestand aber bewusst nicht etwa aus „Experten", sondern die Teilnehmer wurden aus allen Wahlberechtigten ausgelost. Ganz wesentlich auf Grundlage dieser Kommissionsarbeit wurde dann eine Volksabstimmung zur „Homoehe" auf den Weg gebracht, die im Mai 2015 dann eine deutliche Zustimmung für die Ehe zwischen gleichgeschlechtlichen Partnern ergab.

Ein Atemzug Geschichte

„Auch du, mein Sohn Brutus" – zumindest, wenn man der Legende glauben darf, waren dies die Worte, die Caesar vor mehr als 2000 Jahren mit dem letzten Atemzug ausstieß. Im Gegensatz zum berühmten römischen Staatsmann haben immerhin diese Luftteilchen das Attentat und auch die anschließenden mehr als 2000 Jahre überlebt. Und so kam der Physiker Enrico Fermi auf die

Frage, wie oft wir heute noch Moleküle dieses berühmten Atemzuges einatmen. Was meinen Sie? Ist Ihnen ein solches Molekül schon einmal untergekommen? Vielleicht sogar beim Lesen dieser Zeilen? Genau sagen können wir das natürlich nicht, aber zumindest grob abschätzen. Die auftretenden Zahlen sind sehr klein. Lassen Sie sich davon aber nicht abschrecken! Mehr als die Grundrechenarten und ein wenig Physik braucht man nicht. Wenn Sie bei der gemütlichen Lektüre dieses Buchs keine Lust auf eigene ausführlichere Rechnungen verspüren, dürfen Sie natürlich auch gerne direkt zum Ergebnis im folgenden Abschnitt übergehen.

Ein durchschnittlicher Atemzug eines Menschen besteht aus einem Liter Luft. Dies ist natürlich nur ein ganz kleiner Teil der ganzen Luft der Erde, genauer: Die Erde hat eine Oberfläche von etwa 5×10^{14} m^2, die Atmosphäre darüber ist etwa 30 km hoch, sodass das Volumen der Gesamtatemluft nach dieser ganz groben Rechnung etwa $3 \times 10^4 \times 5 \times 10^{14} = 1{,}5 \times 10^{19}$ m^3 beträgt, also $1{,}5 \times 10^{22}$ L. Caesars letzter Atemzug macht also einen winzig kleinen Anteil von $1:(1{,}5 \times 10^{22}) = 6{,}6 \times 10^{-23}$ der Gesamtluft der Erde aus. Wenn Sie, lieber Leser, also mit einem Atemzug einen Liter Luft einatmen, dann können Sie darin ein Volumen von $6{,}6 \times 10^{-23}$ Litern Caesar-Luft erwarten. Schlägt man nun noch nach, dass ein Liter Luft etwa 1,2 g wiegt, sind dies knapp 8×10^{-23} g. Das ist in der Tat sehr wenig. Aber die Luftmoleküle sind noch leichter. Das Gewicht eines Stickstoffmoleküls – aus dem die Atemluft hauptsächlich besteht – liegt bei nur knapp 5×10^{-23} g.

Sie können also – vorausgesetzt die Luft hat sich in den letzten 2000 Jahren ausreichend durchmischt – in jedem Ihrer Atemzüge ein Luftmolekül von Caesars letztem Atemzug erwarten. Hätten Sie das gedacht? Dem sprichwörtlichen Aufsaugen der Geschichte können Sie also gar nicht entgehen.

Mathematik ist überall

Satz des Pythagoras, pq-Formel, Binomialkoeffizienten – solche Begriffe lösen bei dem einen oder anderen Leser vielleicht nicht nur positive Assoziationen aus. Vor allem stellt man sich die Frage, wozu man das alles braucht. Und tatsächlich dürften die meisten Erwachsenen höhere Mathematik bewusst eher selten einsetzen und trotzdem gut durchs Leben kommen.

Dies bedenkend haben wir den Titel dieses Kapitels absichtlich gewählt, denn wir sind uns sicher, dass Sie selbst am heutigen Tage schon mehrmals mit Mathematik zu tun gehabt haben, vermutlich ohne es zu merken. So haben wir in diesem Kapitel überraschende und weniger überraschende Anwendungen von Mathematik gesammelt und hoffen, dass Sie dadurch einen kleinen Einblick in diese Welt der Zahlen und Strukturen erhalten werden

© Springer-Verlag GmbH Deutschland, ein Teil von Springer Nature 2018

B. Christensen und S. Christensen, *Achtung: Mathe und Statistik,*
https://doi.org/10.1007/978-3-662-57739-4_4

und vielleicht auch Ihre eingestaubten Mathematikkenntnisse wieder mehr zu würdigen wissen.

Jonglieren

Jonglieren fasziniert viele Menschen. Das scheinbar zauberhafte Fliegen der Bälle durch die Luft soll schon im antiken Ägypten praktiziert worden sein und hat bis heute wenig von seiner Anziehungskraft verloren. So können viele Interessierte schon nach ein wenig Training mit drei Bällen jonglieren. Kommen mehr Bälle ins Spiel und werden mehr Variationen versucht, ist schon deutlich mehr Geschick nötig. Wenn Jonglierkünstler sich besondere Wurffolgen mit vielen Bällen ausdenken, entsteht das Problem, dass gar nicht alle Folgen möglich sind. Wer will schon lange an einem neuen Kunststück trainieren, das physikalisch gar nicht realisiert werden kann?

Wie immer, wenn Menschen an Phänomenen mit Mustern interessiert sind, kommt auch hier die Mathematik ins Spiel. So begann vor gut drei Jahrzehnten der berühmte Informationstheoretiker Claude Shannon mit der systematischen Untersuchung der Mathematik des Jonglierens. Eine seiner grundlegenden Erkenntnisse war folgende: „Die Zeit, die ein Ball in der Luft verbringt, ist proportional zur Wurzel der Wurfhöhe." Wenn man also die Anzahl der verwendeten Gegenstände steigert, dann muss man die Höhe der Würfe sehr stark erhöhen. Das setzt der Vielzahl an Möglichkeiten schon rein physische Grenzen.

Trotzdem bleibt eine Vielzahl an (theoretisch) möglichen Mustern übrig. Die Kunststücke beim Jonglieren setzen sich dabei aus drei Grundfiguren zusammen: aus der sogenannten Kaskade (Bälle wandern von einer Hand zur anderen), Fontäne (Bälle werden hochgeworfen und von der gleichen Hand wieder aufgefangen) und Shower (die Bälle fliegen kreisförmig). Mit diesen Grundformen lassen sich auch komplizierteste Jonglierkunststücke als Zahlenfolge beschreiben. Die Zahlen geben dabei im Wesentlichen an, wie lange sich die Bälle in der Luft befinden. Eine neue Idee für ein Kunststück lässt sich also zuerst in Form einer Zahlenfolge an den Computer weitergeben, der daraus eine Animation erzeugt. Erscheint diese dem Jonglierer schön und realisierbar, kann er mit dem Training beginnen, ohne böse Überraschungen fürchten zu müssen.

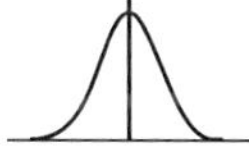

Der Genter Altar

Der Altar in der St.-Bavo-Kathedrale ist die Hauptattraktion für viele Besucher der flandrischen Stadt Gent. Gestaltet wurde der prächtige Flügelaltar im 15. Jahrhundert von Jan van Eyck – vermutlich unter Mithilfe seines Bruders Hubert. Der Altar gilt als eines der bekanntesten und umfangreichsten Werke der frühen niederländischen Malerei und hält auch heute noch viele Rätsel parat, unter anderem folgendes: Wenn der Altar geschlossen ist, sieht man auf mittlerer Höhe eine Verkündigungsszene. Im Hintergrund auf einem Ständer aufgestützt ist die Seite eines Buchs mit mittelalterlicher Schrift zu sehen. Es war jedoch über lange Zeit unklar, ob die Brüder van Eyck dies nur als symbolische Darstellung genutzt oder einen realen Text in das Buch gemalt hatten. Im Laufe der Jahrhunderte haben sich nämlich in diesem Teil des Altars viele kleine Risse gebildet, sodass kaum zu erkennen war, was mögliche Schrift gewesen sein könnte und was auf Beschädigungen zurückzuführen ist. So bestand selbst unter Experten Uneinigkeit über diesen zentralen Altarteil.

An dieser Stelle werden Sie sich vielleicht die Frage stellen, ob Sie aus Versehen das falsche Buch zur Hand genommen haben. Schließlich sollte es hier doch um Mathematik und Statistik gehen. Was könnte davon weiter entfernt liegen als gerade Kunstgeschichte? Andererseits ist Mathematik auch an vielen Stellen von Nutzen, an denen man es nicht erwartet. Und der Genter Altar ist ein Beispiel dafür, dass mathematische Methoden auch zur Lösung von Rätseln in ganz anderen Bereichen beitragen können. Denn in der Mathematik sind schon lange Methoden bekannt, die es ermöglichen, Objekte gleichen Ursprungs zu identifizieren. Damit kann heute jede bessere Digitalkamera die roten Augen automatisch erkennen und entfernen. In etwas raffinierterer Weise wurde dieses Verfahren eingesetzt, um die Risse auf dem Bild einzeln zu identifizieren. Mit dieser Information und den Restfragmenten der Buchstaben ließen sich nun auch die ursprünglichen Buchstaben auf dem Altar rekonstruieren, und der Ursprungstext wurde lesbar. Es handelt sich um einen theologischen Text von Thomas von Aquin. Dieses ist nur eines von vielen Beispielen aus den letzten Jahren von Kooperationen zwischen Kunsthistorikern und Mathematikern. Mathematik hilft also wirklich fast überall – selbst bei Malerei.

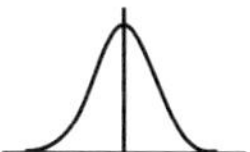

Die Schlacht von Clontarf

Die meisten Leser dieses Buchs werden vermutlich nicht allzu viel mit der „Schlacht von Clontarf" verbinden – ganz im Gegensatz zu den meisten Iren, bei denen die Auseinandersetzung vom Karfreitag 1014 ein zentrales Thema des Geschichtsunterrichts ist. Damals standen in der Nähe des Hafens von Dublin die Truppen des Königs von Leinster, Mael Mordha, denen des irischen Hochkönigs Brian Borus gegenüber. Die Truppen Brian Borus siegten, er selbst kam dabei jedoch ums Leben. Nachhaltige Bedeutung erlangte das Ereignis, da der unterlegene Mael Mordha enge Kontakte zu Wikingern unterhielt, die auf seiner Seite kämpften. Der Sieg Brian Borus gilt damit als der Anfang vom Ende des skandinavischen Einflusses auf Irland.

Genauer gesagt wird das von vielen Historikern und auch den meisten Schulbüchern so interpretiert. Andere Historiker sehen die Auseinandersetzung aber eher als einen Bürgerkrieg ohne darüber hinausgehende Bedeutung. Sie weisen darauf hin, dass Wikinger auf beiden Seiten gekämpft haben und damit die Fronten nicht so klar waren. Dieser Streit der Historiker tobt schon seit mindestens 250 Jahren und beide Seiten können mittelalterliche Texte vorweisen, die die jeweilige Sichtweise stützen.

Zur Klärung der Frage versuchten Wissenschaftler unterschiedlicher Disziplinen der Universitäten Coventry, Oxford und Sheffield einen eher ungewöhnlichen Ansatz. Sie verwendeten nämlich Mathematik. Dabei ordneten sie alle in den historischen Quellen genannten Personen in ein Schema ein, das deren Beziehungen untereinander beschreibt. Genauer wird angegeben, ob die jeweiligen Personen Kontakt hatten und ob dieser eher freundschaftlich oder feindselig war. Das auf dieser Basis entstandene „Netzwerk" ähnelte dem, was wir heute in den sozialen Netzwerken im Internet sehen. Anschließend benutzten sie mathematische Maßzahlen für die Feindlichkeit der Iren und der Wikinger. Ihr Ergebnis stützt die Sichtweise der meisten Geschichtsbücher, dass es sich bei der „Schlacht von Clontarf" um einen Konflikt von Iren gegen Wikinger gehandelt habe. Auch wenn das Ergebnis nicht so eindeutig ist, dass der Streit damit entschieden sein dürfte, so sieht man doch, dass Mathematik auch in solch historischen Disputen hilfreich sein kann.

Die Mathematik der Sonnenblume

„Die Mathematik ist das Alphabet, mit dem Gott die Welt geschrieben hat." Diese Ansicht äußerte der italienische Philosoph und Naturwissenschaftler Galileo Galilei bereits vor fast 400 Jahren. Aber nicht immer ist die verwendete Mathematik dabei klar zu erkennen. Heute können Sie selbst diese Erfahrung im Kleinen machen, und zwar in Ihrem eigenen Garten! Fangen wir aber mit der dahinterliegenden Mathematik an:

Betrachten Sie folgende Zahlenfolge: 1, 1, 2, 3, 5, 8, 13, 21, 34, 55, 89, 144, 233, 377, 610, … Erkennen Sie, wie diese Folge gebildet wird? Sie startet mit den Zahlen 1 und 1. Jede weitere Zahl wird dann als Summe der beiden Vorgänger gebildet. $1+1=2$, $1+2=3$, $2+3=5$, $3+5=8$ usw. Die Zahlen in dieser Folge heißen Fibonacci-Zahlen, benannt nach dem italienischen Rechenmeister des Mittelalters Leonardo Fibonacci. Soweit die Theorie. Diese Zahlen können Sie tatsächlich an vielen Stellen in der Natur wiederfinden.

Eine gute Gelegenheit bietet eine voll entwickelte Sonnenblume. Die scheinbare Riesenblüte, Blütenkorb genannt, besteht in Wirklichkeit aus vielen von der Mitte des Korbes ausgehenden Miniblüten, die spiralförmig angeordnet sind, und zwar sowohl mit, als auch gegen den Uhrzeigersinn. Zählen Sie nun einmal diese Spiralen bei Ihrer Sonnenblume. Je nach Größe der Sonnenblume ist diese Zahl unterschiedlich. Ist Ihre Sonnenblume noch klein, so werden Sie vermutlich – in Mit- und Gegen-Uhrzeigersinnrichtung – 34 und 55 Spiralen zählen. Bei etwas größeren Sonnenblumen dann vielleicht 55 und 89, und – bei sehr großen Pflanzen – 89 und 144. Aber unabhängig von der Größe werden Sie diese Zahlen in der Liste der Fibonacci-Zahlen wiederfinden. Eine Erklärung für dieses Auftreten der Fibonacci-Zahlen ist im Detail nicht ganz leicht zu finden. Der wesentliche Grund aber dürfte sein, dass eine solche Anordnung der Blüten die platzsparendste Möglichkeit ist, wenn die Blüten bei der Entwicklung des Blütenkorbes nach und nach hinzugefügt werden.

Aber folgen wirklich alle Sonnenblumen diesem Gesetz? Das wollte das Museum of Science and Industry in Manchester genau herausfinden und hat in den letzten Jahren mithilfe vieler Freiwilliger 657 Blüten genauer untersucht. Der allergrößte Teil dieser Blüten war in der Tat wie oben beschrieben. Aber die Natur ist doch variationsreicher als gedacht. So gab es auch einige wenige Pflanzen, die nicht dem obigen Muster folgten, sondern andere Anzahlen von Spiralen aufwiesen. Aber auch bei diesen waren wiederum stets spannende mathematische Strukturen zu erkennen.

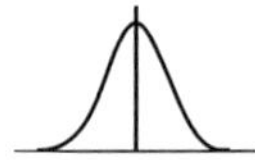

Der Ball ist nicht rund

„Der Ball ist rund!" Dieses Zitat wird der Trainerlegende Sepp Herberger zugeschrieben. Und vermutlich stimmen viele Fußballfans der hinter dem Wortlaut stehenden Aussage aus vollem Herzen zu, wenn Sie wieder einmal vor einem Spiel hoffen, dass das Glück ihren Favoriten treu sein soll. Aber stimmt die Aussage auch wörtlich? – Die Antwort ist „Nein", denn der klassische Fußball ist ein sogenanntes abgestumpftes Ikosaeder. Hierunter versteht man in der Mathematik einen Körper, der aus 20 regelmäßigen Sechsecken und 12 regelmäßigen Fünfecken besteht. Die Sechsecke werden dabei traditionell weiß gefärbt, während die Fünfecke schwarz sind.

Der Fußball ist also keine perfekte Kugel, sondern er setzt sich aus einzelnen „Flecken" zusammen. Zum Glück wölben sich die einzelnen Teile allerdings nach außen, wenn der Fußball prall aufgepumpt wird, dann weist er keine Ecken, Kanten und ebenen Flächen mehr auf und rollt gleichmäßig über den Rasen.

Und warum hat man gerade diese geometrische Form für den traditionellen Fußball gewählt? – Der Grund liegt darin, dass sie einen guten Kompromiss zwischen möglichst gleichmäßigen Formen und einer möglichst geringen Anzahl von Teilen darstellt. Und durch die geraden Kanten der einzelnen Teile lässt sich der Fußball auch gut zusammennähen.

Aber die Form des Fußballs birgt noch weitere Besonderheiten: Jedes Fünfeck ist isoliert und wird von einem Ring aus fünf Sechsecken umschlossen. Zehn Sechsecke laufen dabei ähnlich dem Äquator als Zickzacklinie um den Körper herum. Doch damit nicht genug, es findet sich sogar eine Verbindung zur Chemie, die erst lange nach der Erfindung des Fußballs zutage trat. So entdeckten die Chemiker Harold W. Kroto, Robert F. Curl und Richard E. Smalley bei der Laserverdampfung von Grafit die stabile Kohlenstoffverbindung

C_{60}. Dieses Molekül besteht aus 60 Kohlenstoffatomen in einer Anordnung, die genau den 60 Ecken des Fußballs entsprechen. Der Aufbau ist deshalb stabil, weil die Kohlenstoffatome im nahezu runden Molekül optimal verteilt sind und Spannungen abgefangen werden. Diese Entdeckung wurde 1996 mit dem Nobelpreis für Chemie geehrt.

Bei so vielen Besonderheiten des traditionellen Fußballs in Wabenstruktur kann fast ein wenig Trauer darüber aufkommen, dass mit der Fußball-Weltmeisterschaft 2002 in Japan und Südkorea letztmalig ein WM-Ball in dieser geometrischen Anordnung zum Einsatz kam. Danach wurden Bälle eingesetzt, die zum Teil ellipsenartige Elemente aufweisen. Zum Glück für alle Fußballfans behält Sepp Herbergers Zitat aber natürlich ganz unabhängig von der Ballform Gültigkeit.

Die Mathematik der Freundschaft

Anna, Bert und Carsten kennen sich seit ihren Ausbildungszeiten. Anna ist sowohl mit Bert als auch mit Carsten eng befreundet. Bert und Carsten kommen aber sehr schlecht miteinander aus, ja, sie hassen sich regelrecht. Trotzdem treffen alle drei immer wieder zusammen, was natürlich zu Konflikten führt. Jetzt verbringen sie wegen Annas Geburtstag auch noch ein ganzes Wochenende miteinander. Was wird passieren? Detailliert ist das natürlich schwer zu sagen, aber folgende Szenarien sind vielleicht realistisch:

Anna wird an diesem Wochenende versuchen, die beiden Männer zu versöhnen. Im Idealfall gelingt ihr das, und alle drei sind nach dem Wochenende freundlich zueinander.

Wenn die Antipathie zwischen den beiden Männern jedoch sehr stark ist, wird Bert versuchen, seine Freundschaft zu Anna zu vertiefen und gleichzeitig Annas und Carstens Beziehung zu schwächen. Ebenso wird Carstens Bemühung genau entgegengesetzt sein. Wenn z. B. Bert erfolgreich ist, dann zerfällt die Dreiergruppe in ein Freundschaftspaar zwischen Bert und Anna, während Carsten im Folgenden mit den beiden anderen nicht mehr viel gemein hat.

Stellen wir uns nun eine weitere Dreiergruppe mit einer ganz anderen Ausgangssituation vor: Dagmar, Emil und Frank. Alle drei können sich gar nicht ausstehen, müssen aber im Job zusammenarbeiten. Was wird hier vielleicht passieren? Die beiden, die sich noch am ehesten verstehen, werden sich vielleicht zusammentun und sich gegen den Dritten verbünden – nach dem Motto: Der Feind meines Feindes ist mein Freund. Auch hier entsteht wieder genau eine Partnerschaft, und die beiden sind mit dem anderen verfeindet.

Was hat das nun mit Mathematik zu tun? Eine Gruppe von Mathematikern der amerikanischen Cornell University hat ein mathematisches Modell für Beziehungen zwischen Menschen aufgestellt. Sie konnten beweisen, dass in diesem Modell auch bei großen Gruppen langfristig immer genau das passiert, was wir bei unseren drei Personen oben herausgefunden haben. Es gibt nur zwei mögliche Szenarien: Am Ende sind alle miteinander befreundet oder es bilden sich genau zwei Lager, innerhalb derer alle miteinander befreundet und mit allen des anderen Lagers verfeindet sind. Dabei ist es vollkommen egal, wie die Beziehungen untereinander am Anfang konkret aussahen.

Was auch immer man von den zugrunde liegenden Annahmen hält: Es ist doch erfreulich, dass eine ausnahmslos harmonische Welt langfristig immerhin eines von zwei möglichen Szenarien ist.

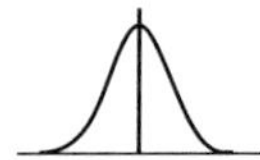

US-Wahlkreise

Neben der Wahl des Präsidenten wurde in den USA 2016 auch über die Zusammensetzung der Parlamente entschieden. Auch bei dieser Entscheidung wurde – wie schon seit Jahren – über die Rechtmäßigkeit der Wahl gestritten. Grund hierfür ist die Einteilung der Wahlkreise. Denn bei der Einteilung haben die Bundesstaaten mit ihren jeweiligen aktuellen politischen Mehrheiten viele Freiheiten. Dies führt dazu, dass die Einteilung der Wahlkreise häufig vom politischen Gegner als ungerecht empfunden wird. Der Vorwurf lautet, dass bei der Neueinteilung die Anhänger des Gegners in möglichst wenige Wahlbezirke konzentriert und die eigenen Anhänger jeweils sehr gleichmäßig über die anderen Wahlbezirke verteilt werden, sodass dort knappe Mehrheiten entstehen. Sollen etwa 500 Wähler auf 5 Wahlbezirke verteilt werden und sind davon jeweils 250 Anhänger von Partei A und B, so kann man die Bezirke so wählen, dass in vier Bezirken jeweils 55 Anhänger von Partei A und 45 von Partei B wohnen und in dem fünften Bezirk 30 von Partei A und 70 von Partei B. Obwohl beide Parteien also gleichstark sind, gewinnt Partei A so vier der fünf Stimmbezirke.

Die Einteilung der Bezirke hat also einen großen Einfluss auf den Wahlausgang. Aber wie kann man eine ungerechte Einteilung nachweisen? Diese Frage hat in den letzten Jahrzehnten viele Gerichte beschäftigt und häufig spielte Mathematik dabei eine Rolle. So wurde argumentiert, dass die geometrische Form der Wahlkreise zu sehr von einem Kreis abweicht, oder das Verhältnis von Länge der Wahlkreisgrenze zur Fläche wurde als unplausibel empfunden. All diese Argumente überzeugten die Gerichte allerdings nicht.

Nun wurde das erste Mal ein mathematisches Argument von einem Gericht anerkannt. Im Bundesstaat Wisconsin ging es um die Einteilung durch die Republikaner im Jahr 2011. Sie gewannen damals 61 der 99 Sitze, hatten aber nur einen Stimmenanteil von 48 %. Als Maß für die Ungerechtigkeit wurde in diesem Verfahren die sogenannte „Effizienzlücke" eingeführt. Dabei zählt man, wie viele Stimmen weniger einer Partei gereicht hätten, um noch gleichviele Wahlkreise zu gewinnen. In unserem Beispiel hätte Partei A in den vier gewonnenen Kreisen jeweils 4 Stimmen an Partei B abgeben können und hätte auf die 30 Stimmen im fünften Bezirk auch verzichten können. Sie hätte dann trotzdem noch 4 der

5 Wahlkreise maximal knapp gewonnen. Insgesamt spielten also $4 \times 4 + 30 = 46$ Stimmen keine Rolle. Partei B „verschwendete" hingegen $4 \times 45 + 19 = 199$ Stimmen. Solch große Missverhältnisse überzeugten auch das Gericht. Nun geht der Fall vor den obersten Gerichtshof, und man wird sehen, ob dieses mathematische Argument in der Verhandlung Beachtung finden wird.

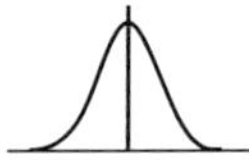

Das Zweitbeste ist am besten

Möchten Sie eine neue Waschmaschine kaufen und möchten sich im Internet einen Überblick verschaffen, so steht am Anfang oft die Suche mit einer der großen Suchmaschinen, z. B. Google. Auf das Suchwort „Waschmaschine" werden viele Treffer ausgegeben. Ganz oben in der Liste stehen – entsprechend gekennzeichnet – kommerzielle Anzeigen von großen Handelsketten oder kleinen Elektrogeschäften um die Ecke. Für deren prominentes Erscheinen bezahlen die Händler an Google einen Preis. Aber wie wird dieser eigentlich individuell für jede Suche festgelegt? Dies geschieht mithilfe von Auktionen. Unterstellen wir der Einfachheit halber, dass immer nur eine einzige Anzeige geschaltet wird (meist sind es eigentlich einige mehr). Die Händler geben für diese Anzeige zu einem bestimmten Suchbegriff in einem gewissen Zeitraum vorab ein Gebot ab. Und am Ende bekommt der Höchstbietende den Zuschlag. So weit, so unspektakulär. Spannender ist aber, welchen Preis der Höchstbietende zahlt: Dieser zahlt nämlich nicht etwa sein eigenes Gebot, sondern nur den Wert des zweithöchsten Gebots.

Wieso um alles in der Welt machen die Suchmaschinenbetreiber das so? Versetzen wir uns dazu einmal in einen Händler. Dieser misst der geschalteten Anzeige einen bestimmten Wert zu, z. B. 1 €. Das heißt, es ist ihm egal, ob er die Anzeige schaltet und dafür 1 € bezahlt, oder ob er den Zuschlag nicht erhält. Da er also keinen echten Vorteil hat, die Anzeige für 1 € zu erwerben, wird er in der Praxis etwas weniger bieten. Je nach Natur des Händlers kann der Abschlag groß oder klein sein. Er hat aber keine Motivation, seine echte Wertschätzung zu bieten.

Genau das möchte der Suchmaschinenanbieter aber erreichen. Daher kommt diese auf den ersten Blick merkwürdige Konstruktion zustande, dass der Höchstbietende nur den Wert des zweithöchsten Gebots bezahlt. In diesem Fall hat der Händler nämlich keine Veranlassung, nicht den Höchstbetrag zu bieten, denn am Ende bezahlt er ja weniger als er geboten hat (wenn nicht zufällig ein zweiter genau das gleiche Gebot abgibt) und macht damit ein gutes Geschäft. Der Händler wird also eher seine echte Zahlungsbereitschaft als Gebot abgeben und kann darauf hoffen, beim Gewinn der Auktion etwas weniger zu zahlen. Über diese Art der Auktion kann Google darauf hoffen, dass höhere Gebote abgegeben werden und der erzielte Preis insgesamt sogar etwas höher ist, als wenn eine normale Erstpreisauktion durchgeführt wird. Das Zweitbeste ist also manchmal doch das Beste.

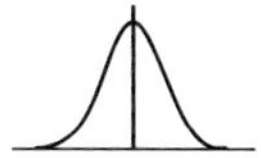

Die Mathematik des Bierverschüttens

Die Feier nähert sich ihrem Höhepunkt. Die Stimmung ist ausgelassen, es wird gelacht und getanzt. Plötzlich stürzt ein volles Bierglas um, und das Bier ergießt sich über die umstehenden Gäste und dann geht es los… Nein, jetzt folgt nicht etwa eine klassische Kneipenschlägerei, sondern ernsthafte Mathematik. So kann man sich vielleicht den Startpunkt eines aufwendigen mathematischen Forschungsprojekts vorstellen, das 2016 nach sieben Jahren seinen Abschluss in einem wissenschaftlichen Artikel in den „Proceedings of the National Academy of Sciences of the United States of America" gefunden hat.

Die grundlegende Frage kann man sich tatsächlich gut anhand der Kneipensituation vorstellen. Liegt ein Bierglas horizontal auf dem Tisch, so läuft das Bier selbstverständlich aus. Wäre das Bier aber in einem dünnen Strohhalm, so bliebe einem das Unglück vermutlich erspart. Grund dafür ist die Oberflächenspannung von Flüssigkeiten, die die Erdanziehungskraft in diesem Fall unwirksam machen kann. Das ist schon lange bekannt. Aber wovon hängt es genau ab, ob die Flüssigkeit ausläuft oder nicht? Jetzt folgt die erste – und vermutlich wenig überraschende – Enttäuschung für alle passionierten Biertrinker: Der Bierbehälter muss schon einen sehr kleinen Durchmesser haben, damit das Malheur erspart bleibt. Wer also gern mehr als den Inhalt eines Strohhalms genießen möchte, der muss mit dem Risiko leben.

Eine zweite Frage stellt allerdings die eigentliche Herausforderung dar: Spielt die Form der Öffnung eine Rolle? Könnte man die Öffnung also ellipsenförmig gestalten und das Bier würde beim Umkippen im Glas bleiben? Hier kommt leider die zweite Enttäuschung. Egal, wie man die Öffnung gestaltet, das Bier wird bei praxistauglichen Gläsern stets verschüttet werden. Reicht es aber immer, die Öffnung nur klein genug zu machen, um das Auslaufen zu verhindern? Jetzt kommt die erstaunliche Antwort der Forscher: Nein, ist die Öffnung etwa dreieckig oder ellipsenförmig, so kann stets Bier austreten, auch wenn die Öffnung mikroskopisch klein ist. Und an dieser Stelle beginnt die Forschung auch wirkliche Praxisrelevanz zu haben, nämlich unter anderem für die Forschung mit flüssigen Arzneimitteln. So können Kneipenideen also zu ernsthafter Forschung mit wichtigen Anwendungen führen.

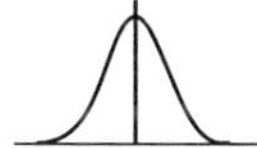

Von Haaren und Schubfächern

Blonde Menschen haben im Schnitt auf dem Kopf rund 150.000 Haare, Schwarzhaarige nur etwa 100.000 und Rothaarige noch weniger. Außerdem variiert diese Zahl von Mensch zu Mensch ganz erheblich. Aber gibt es eigentlich – sagen wir in Schleswig-Holstein – zwei Menschen, die exakt die gleiche Anzahl Haare auf dem Kopf haben? – Gut, einige Nordlichter haben sicher eine Glatze und damit gar keine Haare, aber schließen wir die einmal aus. Gibt es im „echten Norden" also sicher zwei Personen, bei denen sich die Anzahl der Kopfhaare bei genauem Nachzählen überhaupt nicht unterscheidet? Was meinen Sie?

Auf den ersten Blick scheint diese Frage vielleicht ziemlich kompliziert. Schließlich wird man kaum zwei solche Personen finden können. Wer will das schon nachzählen! Aber die Antwort ist trotzdem „Ja, und das ganz sicher". Und die Begründung ist auch nicht allzu kompliziert. Wenn die durchschnittliche Anzahl an Haaren bei gut 100.000 liegt, dann kann man wohl davon ausgehen, dass keiner mehr als 1 Mio. Haare auf dem Kopf trägt. Stellen Sie sich die infrage kommenden Anzahlen der Haare auf den Köpfen der Schleswig-Holsteiner als Schubfächer vor – durchnummeriert von 1 bis 1 Mio. Die 2,8 Mio. Nordlichter werden nun – in Gedanken – gemäß ihrer aktuellen Haaranzahl auf diese 1 Mio. Schubfächer verteilt. Egal wie die Verteilung der Haar-Anzahlen nun genau ist, werden dann sicher in einem der „Schubfächer" mindestens zwei Personen landen – in einigen sogar drei oder noch mehr. Schließlich müssen ja alle untergebracht werden.

Die hier verwendete Argumentation wird als Schubfachprinzip bezeichnet: Wenn man mehr Objekte als Schubfächer hat und alle diese Objekte auf die Schubfächer verteilt werden, dann landen in mindestens einem Schubfach mindestens zwei Objekte. Das ist natürlich jedem einsichtig. Trotzdem sieht man am Beispiel oben, dass die Erkenntnis bei erster Betrachtung einer Fragestellung oft gar nicht offensichtlich ist und das Schubfachprinzip hilft, die Antwort systematisch zu finden.

Steuerentlastung: 50 Mrd. €

Ende 2016 hat der damalige Schleswig-Holsteinische Ministerpräsident, Torsten Albig, dem FOCUS ein Interview zu möglichen Auswirkungen von Steuerentlastungen gegeben. Darin erteilte Albig Steuerentlastungsplänen auch aus den eigenen politischen Reihen mit der Begründung eine Absage, dass „Steuerreformen, die nicht mindestens 50 Mrd. € bewegen, der einzelne Bürger gar nicht (merkt)". Erst einmal klingt dies nicht unplausibel. Ähnliche Einwände wurden ja etwa auch bei der Erhöhung des Kindergeldes vorgebracht. Und natürlich kann man Albigs Ausführungen gerade auch vor dem Hintergrund eines Schuldenbergs von gut 2 Bio. € unterschiedlich bewerten. Dem Leser des Interviews mag es aber wie den Autoren dieses Buchs gehen: Beträge in dieser Größenordnung sind schwierig zu beurteilen. Es handelt sich schließlich um sehr große Zahlen, mit denen man im täglichen Leben kaum Umgang hat. Es stellt sich also die Frage, was eine mögliche Steuerentlastung von 50 Mrd. € für den einzelnen Steuerpflichtigen wirklich bedeuten würde. Merkt man das im Alltagsleben wirklich nicht?

Hier hilft zur Beurteilung schon ein ganz einfaches Hilfsmittel: die Umrechnung der Zahl auf den Einzelnen. 2012 – das letzte Jahr, für welches verlässliche Zahlen seitens des Statistischen Bundesamtes vorliegen – gab es 26.706.830 Steuerpflichtige in Deutschland. Hierzu ist anzumerken, dass zusammen veranlagte Ehegatten als ein Steuerpflichtiger gezählt werden. Diese Steuerpflichtigen haben im Durchschnitt knapp 8000 € Lohn- und Einkommensteuer gezahlt. Eine Steuerentlastung in Höhe von 50 Mrd. € entspräche einer Entlastungssumme von 1872 € je Steuerpflichtigem und Jahr, wenn man davon ausgeht, dass alle Steuerzahler gleichmäßig entlastet werden würden. Die Steuerlast würde also um gut 23 % reduziert werden. Jeder einzelne Steuerpflichtige müsste immerhin 156 € pro Monat weniger an Steuern bezahlen. Dass der Bürger diese Summe gar nicht bemerken würde, erscheint dann doch zweifelhaft.

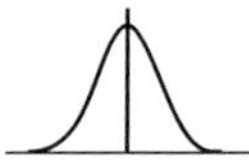

Murphys Gesetz Teil 1

„Alles, was schiefgehen kann, wird auch schiefgehen." Diese Lebensweisheit geht auf den amerikanischen Ingenieur Edward A. Murphy zurück und wird oft zitiert, wenn etwas nicht so klappt, wie man es gern möchte. Erst einmal klingt dieses „Gesetz" wissenschaftlich nicht besonders überzeugend. Schließlich sind wir nicht alle einfach Pechvögel. Interessanterweise gibt es aber für eine Vielzahl von Phänomenen, hinter denen man Murphys Gesetz vermutet, ganz handfeste mathematische und statistische Erklärungen. Um die Beschreibung solcher Fälle hat sich der amerikanische Physiker und Wissenschaftsautor Robert Matthews besonders verdient gemacht.

Ein Alltagsbeispiel ist die Verwendung von Landkarten. Auch wenn heute viele Leute elektronische Karten verwenden, finden die guten alten Faltkarten nach wie vor Verwendung. Dabei ist es oft sehr viel schwieriger, Orte in der Nähe der Knickstellen zu finden, da es durch das Falten zu Unleserlichkeiten oder verstümmelten Namen kommt. Und bei vielen Fahrradtouren wird die Stimmung schlecht, wenn sich herausstellt, dass sich der gesuchte Ort oder die wichtige Abzweigung mal wieder gerade an einer dieser ungünstigen Stellen befindet. Ein Fall von „Murphys Gesetz"?

Die Erklärung lässt sich hier leicht mit elementarer Geometrie finden. Nehmen wir etwas vereinfacht an, dass der Kartenabschnitt unserer Radtour 10 cm × 10 cm groß ist und die Knickstellen sich an den vier Seiten befinden. Den ungünstigen Bereich in der Nähe der Knickstellen nehmen wir an allen vier Seiten als 1,5 cm breit an. Dies scheint also nur ein schmaler Streifen zu sein. Aber wie wahrscheinlich ist es, dass der gesuchte Ort gerade in diesem Bereich liegt? Das gut überschaubare Quadrat im Zentrum hat eine Seitenlänge von $10\,\text{cm} - 2 \times 1{,}5\,\text{cm} = 7\,\text{cm}$, sodass sich ein Flächeninhalt von $7\,\text{cm} \times 7\,\text{cm} = 49\,\text{cm}^2$ ergibt. Dies ist der gut sichtbare Kartenbereich. Da der ungünstige Bereich entsprechend 51 cm² groß ist, ist es bei zufälliger Auswahl eines Ortes auf der Karte wahrscheinlicher, dass dieser sich am schmalen Rand befindet als im Zentrum der Karte. So ist der Ärger bei der Fahrradtour zwar verständlich, aber auch leicht mit Geometrie und Statistik erklärbar.

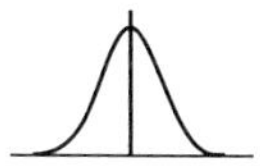

Murphys Gesetz Teil 2

Hand aufs Herz, gleicht Ihre Sockenschublade auch einer Singleparty: wenige Paare und viele einsame Exemplare? Es scheint schon allein ein Mysterium zu sein, wieso überhaupt so oft Socken verschwinden. Noch geheimnisvoller ist aber die Frage, wieso dieses Schicksal so oft nur jeweils einer Socke eines Paares trifft und die andere dann allein zurückbleibt. Aber auch dieses Phänomen ist mithilfe der Statistik erklärbar. Stellen Sie sich vor, dass wir mit zehn intakten Sockenpaaren starten. Nun verschwinden einige: Die verflixte Waschmaschine „schluckt" sie, sie verschwinden in den Tiefen des Schranks oder auf andere geheimnisvolle Weise. Dann reißt die erste verlorene Socke automatisch ein Paar auseinander. Beim Verschwinden der zweiten Socke könnte es die alleingelassene zweite Socke dieses Paares treffen, sodass das ganze Sockenpaar verschwunden wäre und noch 9 intakte Paare übrig bleiben. Dazu müsste aber genau diese eine Socke verschwinden. Da aber 19 Socken zur Auswahl stehen, ist die Wahrscheinlichkeit dafür gerade einmal 1/19, also nur gut 5 %. Mit großer Wahrscheinlichkeit verlieren Sie also beim Verschwinden zweier Socken auch zwei Paare. Diese Überlegungen kann man nun (mit etwas mehr Aufwand) fortsetzen. Nehmen wir einmal an, dass insgesamt sogar sechs Socken verschwinden. Wenn Sie maximales Glück haben, dann gehen dadurch nur 3 Paare verloren. Das passiert allerdings nur extrem selten: Es ist 100-mal wahrscheinlicher, dass die sechs verschwundenen Socken tatsächlich zu sechs unterschiedlichen Paaren gehören.

Die vielen einzelnen Socken in Ihrer Schublade beruhen also nicht so sehr auf Ihrem Pech und Murphys Gesetz, sondern haben handfeste mathematische Gründe.

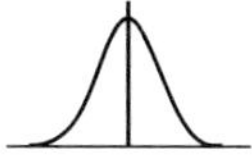

60, 60 überall, Teil 1

Anna ist irritiert. Sie hat jetzt in der Grundschule schon so viel Mathematik gelernt, zuerst die Zahlen bis 10, dann bis 100 und nun sogar darüber hinaus. Das Rechnen gelingt ihr auch gut. Wenn Sie nun aber die Zeit auf der Uhr ablesen möchte, dann taucht auf einmal ständig die Zahl 60 auf: 60 s sind eine Minute und 60 min eine Stunde. Das wundert Anna doch sehr. Wäre es nicht viel einfacher, eine Stunde in 10 oder in 100 Teile aufzuteilen? Wieso wählt man ausgerechnet 60 Teile? Damit kann man doch wirklich schwer rechnen.

Annas Mutter erzählt ihr, dass die Verwendung der Zahl 60 beim Rechnen früher weit verbreitet war. So haben schon die Babylonier um 2000 v. Chr. anstelle unseres Zehnersystems für alle Berechnungen ein Sechzigersystem verwendet. Aber warum gerade die Zahl 60 und nicht etwa 37 oder 70 oder …? Eine erste Erklärung liefert sicherlich die Astronomie. Im babylonischen Kalender war das Jahr in Monate eingeteilt, die jeweils 30 Tage lang waren. Die Länge zweier Monate ist also gerade 60 Tage. Da die mittlere Periode des Mondes (derzeit) etwa

29,5 Tage beträgt, hätte man aber durchaus auch einen anderen Wert nehmen können.

Es gibt darüber hinaus aber auch gute mathematische Gründe für die Wahl der Zahl 60. Ein wesentlicher Grund ist die große Anzahl von Teilern dieser Zahl. Da $60 = 2 \times 2 \times 3 \times 5$ ist, sind die Zahlen 1, 2, 3, 4, 5, 6, 10, 12, 15, 20, 30 und 60 Teiler. Das vereinfacht das Rechnen stark. So hat eine halbe Stunde 30 min, eine „Drittelstunde" 20, eine Viertelstunde 15, eine „Fünftelstunde" 12 und eine „Sechstelstunde" 10 min. Man kann all diese Teile also ausdrücken, ohne Brüche verwenden zu müssen. Hätte man statt 60 also etwa eine Primzahl (z. B. 59 oder 61) verwendet, dann wäre es schon schwierig gewesen, auszudrücken, wie viele Minuten eine halbe Stunde hat.

Das leuchtet Anna ein. Aber trotzdem erscheint ihr unser Zehnersystem schon noch praktischer. Schließlich kann man damit so schön mit den Fingern der Hände bis 10 zählen. Aber auch dieses Argument kann ihre Mutter entkräften. Man kann mit den beiden Händen sogar ganz einfach bis 60 zählen, wie der nächste Abschnitt verdeutlicht.

60, 60 überall, Teil 2

Das 60er-System bietet also viele Vorteile. Aber gerade beim Zählenlernen benutzen Kinder – teilweise zum Unmut der Grundschullehrer – häufig die zehn Finger an den Händen. Diese passen ja auch sehr gut zu unserem

10er-Zahlensystem. Aber wir können unsere Finger auch zum Zählen bis 60 verwenden, und das erweist sich auch für Erwachsene immer wieder als praktisch. Wir zeigen Ihnen, wie es geht.

In einem ersten Schritt erklären wir, wie Sie nur mithilfe der linken Hand bis 12 zählen können. Wir benutzen dazu den Daumen der Hand als „Zeiger" und zählen damit die Fingerglieder der übrigen Finger ab. Dabei beginnen wir, indem wir mit dem Daumen auf das obere Fingerglied des kleinen Fingers tippen. Das ist die 1. Das mittlere Fingerglied des kleinen Fingers entspricht dann der 2, das untere der 3. Die 4 erhalten wir, indem wir am oberen Fingerglied des Ringfingers weitermachen, und können so durch Tippen mit dem Daumen die 12 Fingerglieder bis zum unteren Glied des Zeigefingers durchzählen.

Aber wie können Sie so bis 60 zählen? Dazu kommt ihre bisher untätige rechte Hand ins Spiel. Diese ist zunächst zu einer Faust geballt. Immer wenn Sie nun beim Zählen mit der linken Hand bei 12 angekommen sind, dann strecken Sie nun einen Finger aus. Dieser zeigt an, dass das erste „Dutzend" voll ist. Dann beginnen Sie mit dem Zählen an der linken Hand wieder wie zuvor. Wenn Sie das zweite Dutzend erreicht haben, dann strecken Sie einen zweiten Finger der rechten aus und so weiter. Insgesamt können Sie so bis $5 \times 12 = 60$ zählen. Versuchen Sie es einfach einmal. Die Zahl 39 ergibt sich z. B., wenn an der rechten Hand drei Finger ausgestreckt sind $(3 \times 12 = 36)$ und der Daumen der linken Hand auf dem unteren Glied des kleinen Fingers ruht.

Diese Zählweise lässt sich auch noch ausbauen. Indem Sie etwa an der rechten Hand nicht die Finger, sondern die Fingerglieder abzählen, kommen Sie bis auf $12 \times 12 = 144$. Diese praktische Zählweise wird etwa heute noch in Teilen Indiens praktiziert. Auch sie mag ein Grund dafür sein, dass das Sechzigersystem in vielen Kulturen verwendet wurde.

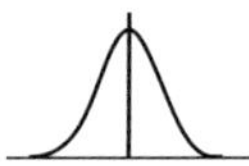

Arabische Zahlen

Im saarländischen Völklingen wurde 2017 der Oberbürgermeister neu gewählt. Bei einer Podiumsdiskussion sorgte dabei der Kandidat der NPD für unfreiwillige Heiterkeit. Der örtliche Vorsitzende der Satirepartei „Die Partei" meldete sich zu Wort und fragte – nicht ganz ernst gemeint – den Kandidaten: „Laut Baugesetzbuch ist jeder Eigentümer verpflichtet, sein Grundstück mit der durch die Gemeinde vorgegebenen Nummer zu kennzeichnen. Jetzt ist mir erschreckend aufgefallen, dass in Völklingen viele Hausnummern mit arabischen Zahlen gekennzeichnet sind. Wie möchten Sie gegen diese schleichende Überfremdung vorgehen?" Den NPD-Kandidaten ließ das Lachen des Publikums kalt und er antwortete: „Da warten Sie ab, bis ich Oberbürgermeister bin, da werde ich das ändern und dann werden da normale Zahlen drankommen."

Dies ist doch eine schöne Gelegenheit, an dieser Stelle kurz auf die Geschichte unserer arabischen Ziffern und Zahlen einzugehen, weil sie für unsere abendländische Kultur doch von herausragender Bedeutung sind. Eigentlich sollte man dabei besser von indisch-arabischen Zahlen sprechen. Die ersten belegten Vorläufer gehen nämlich auf die Brahmi-Schrift im altindischen Maurya-Reich zurück und sind schon deutlich mehr als 2000 Jahre alt. Einige Jahrhunderte später wurde dann – ebenfalls in Indien – die Null als vollwertiges Symbol hinzugefügt, was zu dem uns heute bekannten Zahlensystem führte. Mindestens seit dem 9. Jahrhundert nach Christus übernahmen die Araber dieses Zahlensystem. In dieser Zeit verfasste der persische Mathematiker al-Ḫwārizmī sein Werk über das Rechnen mit diesen Zahlen. Auf dieses Werk geht der heute oft bei Computern benutzte Ausdruck „Algorithmus" zurück. In Europa etablierten sich diese Zahlen erst zu Beginn des 13. Jahrhunderts durch den Italiener Leonardo Fibonacci. Vermutlich lernte er dieses System bei einem Aufenthalt in Algerien kennen. Danach setzten sie sich in Europa gegen die deutlich unhandlicheren römischen Zahlen durch, mit denen bereits einfache Rechenoperationen nur schwer darstellbar sind, und sind seitdem allgemein verbreitet. Offensichtlich müsste man also doch sehr weit in der Geschichte zurückgehen, um das „Eindringen der arabischen Zahlen" in unseren Kulturkreis im Nachhinein zu verhindern. Und sinnvoll wäre dies mit Sicherheit nicht, denn die Verwendung des bei uns etablierten arabischen Zahlensystems hat viele weitreichende Kulturerrungenschaften erst ermöglicht.

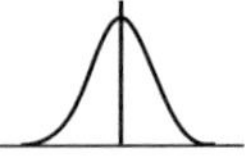

566 Billiarden

Silja ist verzweifelt. Seit knapp einer Stunde sitzt sie vor ihrem Rechner. Sie möchte eine ganz individuelle Müslimischung über einen Internetanbieter bestellen, um ihrem morgendlichen Müsli-Einerlei zu entfliehen. Ihr Freund Thore guckt ihr über die Schulter und fragt, warum sie sich noch immer nicht für eine Mischung entschieden hat. Silja erklärt ihm, dass der Anbieter mit 566 Billiarden (566×10^{15}). unterschiedlichen Mischungen wirbt, die man sich auf Basis der Zutatenlisten zusammenstellen kann. Da kann sie sich einfach nicht entscheiden.

Thore will ihr helfen und zweifelt an, dass es tatsächlich 566 Brd. Möglichkeiten gibt, sich ein Müsli zusammenzustellen. Diese Zahl erscheint ihm dann doch wohl eher ein Marketinggag zu sein. Silja – nun tatsächlich von ihrem eigentlichen Problem abgelenkt – will es genau wissen. Sie findet eine Erklärung auf der Homepage des Anbieters. Es gibt 10 Basismüslis, aus denen man wählen kann. Abgesehen davon gibt es 73 weitere Zutaten, aus denen man sein Müsli mit bis zu 18 Zutaten anreichern kann. Jede Zutat kann man auch mehrfach auswählen, um den Anteil im Müsli zu erhöhen, und man kann natürlich auch weniger als 18 Zutaten auswählen. Für die Berechnung der Möglichkeiten bedeutet dies, dass es eine weitere „Zutat" gibt, nämlich die nichts auszuwählen, was die Gesamtzahl auf 74 erhöht.

Aber wie kommt man jetzt auf die gewaltige Gesamtzahl? Silja beginnt mit der Anzahl der Kombinationen der weiteren Zutaten. Aus ihrem Mathematik-Leistungskurs erinnert sie sich noch, dass man in diesem Fall (Zutaten können mehrmals auftreten, Reihenfolge spielt keine Rolle) eine Formel mit Binomialkoeffizienten benutzen kann und kommt so schon auf die gewaltige Zahl von „$74+18-1$ über 18" $= 4{,}724 \times 10^{18}$. Bedenkt man nun noch, dass jede dieser Zutatenkombinationen mit den 10 Basismüslis kombiniert werden kann, dann erhält man 47 Trill. Möglichkeiten, was sogar 80-mal mehr Möglichkeiten als 566 Brd. ist. Tatsächlich ist die Berechnung des Internetanbieters des Müslis etwas komplizierter, weil er einzelne Kombinationen ausschließt. Man erkennt aber schon, dass die Größenordnung vollkommen plausibel ist.

Und Silja – erfreut darüber, dass sie ihre Statistikkenntnisse aus der Schule gut nutzen konnte – wählt nun doch wohlgemut ihr individuelles Traummüsli aus und wird sich beim morgendlichen Frühstück zukünftig sicher sein, dass ihr Langeweile beim Müsli-Essen erspart bleiben wird, auch wenn sie nur einen sehr kleinen Teil der vielen möglichen Mischungen wird probieren können.

Und wenn Sie sich fragen, wie man genau auf die Formel mit dem Binomialkoeffizienten kommt, dann schauen Sie gern auf http://www.achtung-statistik.de vorbei. Dort wird eine schöne Erklärung gegeben.

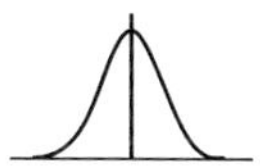

566 Billiarden – Zusatzerklärung

Im vorangegangenen Text haben wir erklärt, dass Silja bei der Müsliauswahl „$74+18-1$ über 18" $=4,724 \times 10^{18}$ Möglichkeiten hat.

Wie kommt man aber auf diese Anzahl? Stellen wir uns vor, dass wir selbst das Müsli aus den einzelnen Komponenten zusammenstellen müssen und uns dazu übersichtliche Notizen in Form einer Strichliste machen. Dazu sortieren wir die 74 möglichen Zutaten und beginnen mit Zutat 1. Wird diese etwa dreimal verwendet, beginnen wir mit 3 Strichen III, wird diese gar nicht verwendet, machen wir entsprechend auch keine Striche usw. Dann nutzen wir einen Stern „*" zur Abtrennung und fahren mit der zweiten Zutat fort usw. Benutzen wir also z. B. dreimal Zutat 1, viermal Zutat 3, zweimal Zutat 6…, dann hat unsere Notiz die Form III**IIII***II… Aus diesen Notizen können wir eindeutig die Müsli-Zusammensetzung rekonstruieren. Wir haben dabei insgesamt für die 18 verwendeten Zutaten $k=18$–mal „I" aufgeschrieben und zur Abgrenzung der Zutaten $n-1=74-1$-mal den Stern „*" zur Trennung verwendet. Insgesamt beinhaltet die Liste also $n+k-1$ Symbole, von denen 18 das I sind. Dabei können alle möglichen Anordnungen verwendet werden. Für diese Anzahl kennen wir aber die Formel: das sind $n-k+1$ über k, also $n-k+1$ über 18, und der Taschenrechner liefert die gewaltige Zahl von „$74+18-1$ über 18" $=4,724 \times 10^{18}$. Bedenkt man nun noch, dass jede dieser Zutatenkombinationen mit den

10 Basismüslis kombiniert werden kann, dann erhält man 47 Trill. Möglichkeiten, was sogar 80-mal mehr Möglichkeiten als 566 Brd. ist.

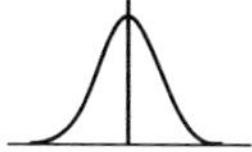

Essen für Jahrzehnte

Uwe und seine Arbeitskollegen gehen jeden Mittag in die Kantine zum Essen. Meist schmeckt es ihnen und satt werden sie auch. Schließlich besteht ein typisches Mittagessen hier aus vier Gängen: einer Vorsuppe, einem Salat, dem Hauptgang und einem kleinen Nachtisch. Das Personal ist auch nett und zuvorkommend und an den Tischen kann man in Ruhe sitzen und ungestört essen.

Aber wie in wohl fast jeder derartigen Runde gibt es auch etwas zu mäkeln. Bei Uwe ist es die fehlende Abwechslung: „Die sollten hier wirklich nicht ständig die gleichen Gerichte anbieten. Bei den Hauptgerichten wiederholt sich das Gleiche alle paar Wochen. Ich glaube es gibt nur zehn unterschiedliche Hauptspeisen." „Aber du isst doch z. B. Schnitzel so gerne, das kann es doch nicht oft genug geben, oder?", wendet sein Kollege Klaus ein. „Das stimmt", meint Uwe. „Es stört mich auch nicht, dass es die gleichen Speisen von Zeit zu Zeit erneut gibt. Nur die Menüs sollten abwechslungsreicher zusammengestellt sein. Aber das ist ja gar nicht möglich, wenn es nur so wenige Speisen zur Auswahl gibt."

Der Kollege Frank unterstreicht das: „Genau! Von den anderen Gängen gibt es auch nicht mehr. Wir bekommen immer die gleichen zehn Vorsuppen. Mehr als zehn Nachtische gibt es auch nicht und sogar noch weniger verschiedene Salate. Kein Wunder, dass man ständig die gleichen Menüs vorgesetzt bekommt! Wenn mir das beim nächsten Mal passiert, dann gehe ich erst einmal woanders Essen." Das ruft aber wieder Klaus auf den Plan:

Moment ihr zwei. Lasst uns einmal nachrechnen. Mit den zehn Vorsuppen und zehn Hautgängen lassen sich schon $10 \times 10 = 100$ Menüs zusammenstellen. Kombiniert mit den zehn Nachtischen kommt man schon auf $100 \times 10 = 1000$ Möglichkeiten. Mit den sieben Salaten kombiniert erhält man schon 7000 verschiedene Menüs! Selbst wenn einige Kombinationen herausfallen, weil sie nicht so gut passen, kannst du wohl bis zur Rente warten, bis du das nächste Mal genau das gleiche Menü vorgesetzt bekommst.

Das überzeugt auch Uwe.

Das Diät-Problem

Die Festtage sind vorüber und Klara startet mit vielen guten Vorsätzen ins Neue Jahr. Vor allem die zusätzlichen Pfunde, die sich durch das opulente Essen angesammelt haben, möchte sie gern möglichst bald wieder loswerden. Bei der anstehenden Diät will sie aber ganz genau darauf achten, dass sie sich trotzdem ausgewogen ernährt und Mineralien und Vitamine in ausreichendem Maße zu sich nimmt. Dazu hält der Supermarkt um die Ecke natürlich ein riesiges Angebot bereit, das sie nur geschickt kombinieren muss. Andererseits hat Klara auch mehr Geld als gedacht für Weihnachtsgeschenke ausgegeben, sodass sie in den kommenden Wochen auch auf ihren Geldbeutel achten muss und möglichst kostengünstig einkaufen möchte. Sie steht also vor dem Problem, ihren Einkauf so zusammenzustellen, dass sie sich ausgewogen ernährt, dies aber möglichst günstig realisieren kann.

Vor einem ganz ähnlichen Problem wie Klara stand im Zweiten Weltkrieg auch die US-Armee: Wie sollte man die Nahrungsmittel so zusammenstellen, dass die Soldaten an der Front ausreichend versorgt sind, die Kosten dabei aber möglichst gering ausfallen? Einer der führenden Köpfe bei der Lösung dieses Problems war der spätere Nobelpreisträger George Stigler. Ursprünglich wurden für neun Nährstoffe Mindestwerte angesetzt, deren Versorgung auf möglichst günstige Weise durch Kombination von 77 Nahrungsmitteln sichergestellt werden sollte. Er fand dabei zwar keine optimale Lösung des Problems, kam dieser aber mit seinen Überlegungen sehr nahe. 1947 formulierte der amerikanische Mathematiker George Dantzig dann ein allgemeines Lösungsverfahren, das Simplexverfahren. Die Grundidee des Verfahrens ist, die Nebenbedingungen (im Beispiel die Mindestmengen der Nährstoffe) geometrisch als mehrdimensionales Vieleck aufzufassen, dessen Ecken man dann Schritt für Schritt durchläuft, bis keine Verbesserung der Zielfunktion (im Beispiel die Minimierung der Kosten) mehr möglich ist.

Die Mathematik stellt Klara also ein Verfahren bereit, um ihre Diät optimal zu planen. Ob sich dieser Aufwand aber lohnt und ob ihr die „optimale" Zusammenstellung am Ende auch gut schmeckt, das muss stark bezweifelt werden. Trotzdem stellte das Problem, vor dem Klara jetzt steht, einen Ausgangspunkt für die Behandlung linearer Optimierungsprobleme dar, deren Lösung bis heute für die unterschiedlichsten Problemstellungen eingesetzt wird, etwa in der Produktionsplanung von Unternehmen oder bei der Optimierung von Verkehrsnetzen.

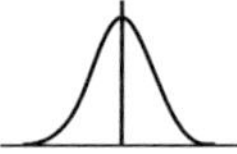

Seltsame Rabatte

Es ist heute ja fast schon normal, dass man beim Einkauf nicht den eigentlich an der Ware ausgewiesenen Preis bezahlen muss, sondern dass noch Rabatte an der Kasse abgezogen werden. So warb ein Bekleidungsgeschäft im Designer Outlet in Neumünster aber mit einer bemerkenswerten Rabattaktion. Beim Kauf von zwei Kleidungsstücken wurde vom Gesamtbetrag an der Kasse noch einmal ein Rabatt von 50 % gewährt, beim Kauf von drei Kleidungsstücken wurden gar 70 % vom Gesamtbetrag für alle Kleidungsstücke abgezogen. Auf den ersten Blick mag das vielleicht gar nicht wirklich irritieren, denn offensichtlich wollte der Laden die alte Kollektion verkaufen, um Platz für neue Ware zu schaffen. Aber im besagten Fall lohnt tatsächlich ein genauerer Blick auf den gestaffelten Rabatt. Stellen wir uns beispielsweise vor, man habe zwei Hosen für je 100 € gefunden, die man gerne erwerben möchte. Dann muss man an der Kasse statt der eigentlich fälligen 200 € nur 100 € zahlen, denn es werden ja noch 50 % Rabatt abgezogen. Wenn man nun aber, ausgelöst von der Aussicht auf 70 % Rabatt, in Erwägung zieht, gleich drei Hosen zu kaufen, dann muss man von den eigentlich fälligen 300 € nur 30 % bezahlen. So sinkt der Gesamtpreis also auf 90 €. Drei Hosen zu kaufen wäre also insgesamt billiger als der Kauf von nur zwei Hosen! Das ist in der Tat seltsam, denn nach dieser Logik könnte man die dritte Hose, die man vielleicht gar nicht braucht, einfach an den erst besten Interessenten verschenken. Man könnte die überzählige Hose nach dem Kauf natürlich auch bei eBay einstellen und bei erfolgreichem Verkauf zusätzlich Geld einnehmen.

Noch erstaunlicher ist die Rabattregel, wenn man statt der dritten Hose einfach ein günstiges T-Shirt für 20 € als drittes Kleidungsstück auswählen würde. Zusammen würden die beiden Hosen und das T-Shirt ohne Rabatt 220 € kosten. Durch den 70 %-Rabatt beim Kauf von drei Kleidungsstücken bleiben dann aber nur noch 66 € für den Gesamteinkauf zu bezahlen. Zwei Hosen würden also 100 € kosten, durch die zusätzliche Auswahl des T-Shirts spart man nochmals 34 €.

Wir können nur darüber spekulieren, ob der Ladenkette die seltsamen Auswüchse der Rabattregel überhaupt bewusst waren. Das Beispiel zeigt aber, dass es tatsächlich lohnend sein kann, die vom Handel erdachten Rabatte kurz durchzurechnen, um so bares Geld zu sparen.

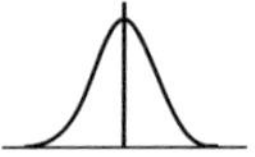

Das Geheimnis der Geschwindigkeit

Die meisten Autos verfügen heute über einen Bordcomputer. Daher dürfte vielen der tägliche Blick auf die ausgewiesenen Werte vertraut sein: Verbrauch, gefahrene Strecke und häufig auch die Durchschnittsgeschwindigkeit können jederzeit abgefragt werden. Dabei mag dem einen oder anderen schon einmal aufgefallen sein, dass die Durchschnittsgeschwindigkeit viel niedriger ist, als man vielleicht intuitiv erwartet hat. Viele dürften Werte von nicht einmal 50 km/h von ihren Bordcomputern ausgewiesen bekommen. Dabei werden die meisten Autofahrer einen überwiegenden Anteil der gefahrenen Strecken eher außerhalb geschlossener Ortschaften zurücklegen, wobei die erlaubte Höchstgeschwindigkeit oft 70 km/h, 100 km/h oder sogar noch mehr beträgt. Wenige Kilometer in 30 km/h-Zonen und geschlossenen Ortschaften mit 50 km/h kommen vielleicht noch dazu.

Aber wie können daraus Durchschnittsgeschwindigkeiten von unter 50 km/h resultieren? – Die Antwort können Sie sich selbst leicht anhand eines vereinfachten Beispiels klarmachen: Stellen Sie sich vor, Sie würden mit dem Auto erst 80 km mit 80 km/h und anschließend weitere 80 km mit 40 km/h fahren. Wie hoch liegt dann Ihre Durchschnittsgeschwindigkeit? Intuitiv würde man vielleicht auf 60 km/h tippen. Dieser Wert ist aber nicht richtig, wie folgende kleine Berechnung zeigt:

Für die erste Strecke von 80 km Länge benötigt man genau eine Stunde. Für die zweite Strecke von 80 km Länge benötigt man bei 40 km/h genau zwei Stunden.

Insgesamt sind also in drei Stunden 160 km zurückgelegt worden. Daraus errechnet sich die Durchschnittsgeschwindigkeit von 160 km/3 h = 53,33 km/h. Das ist also deutlich weniger als die intuitiv erwarteten 60 km/h. Der Grund hierfür liegt darin, dass man trotz der gleichen Streckenlänge die Durchschnittsgeschwindigkeiten nicht einfach über die beiden gleichlangen Teilabschnitte mitteln kann, um die Gesamtdurchschnittsgeschwindigkeit zu erhalten. In unserem Beispiel benötigt man nämlich für die erste Strecke mit 80 km/h genau 1 h; für die zweite Strecke mit 40 km/h muss man allerdings 2 h einplanen. Der langsamer gefahrene Abschnitt fällt also doppelt ins Gewicht.

Und so lässt sich auch leicht nachvollziehen, warum der Bordcomputer im Auto oftmals unerwartet niedrige Durchschnittsgeschwindigkeiten ausweist. Der Grund liegt darin, dass für die schnellen Streckenabschnitte relativ wenig Zeit benötigt wird, während man für eigentlich kurze Strecken relativ viel Zeit benötigt.

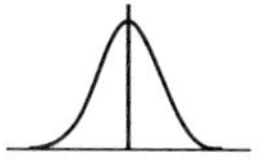

15 min schneller

Uwe hat einen Freund in Kassel besucht und ist auf dem Weg zurück nach Hause. Zum Glück ist die Autobahn frei und so kann er mit eingeschaltetem Tempomat dahingleiten. Er hat noch 150 km vor sich, als ihm ein Blick auf das Navi verrät, dass er den Beginn seiner Lieblingssendung im Fernsehen um eine Viertelstunde verpassen wird. Er stellt sich also die Frage, wie viel schneller er fahren muss, um doch noch rechtzeitig zu Hause anzukommen. Da er beim Autofahren schlecht rechnen kann und eine Freisprecheinrichtung im Auto hat, ruft er seine Enkelin Laura an, denn die hatte schließlich im letzten Zeugnis eine Eins in Mathematik. Doch statt ihrem Opa die Frage zu beantworten, stellt sie ihm eine Gegenfrage: „Wie schnell fährst du denn?" Uwe, der früher als Amateur Autorennen gefahren ist, erwidert: „Nee, nee, mien Deern, du willst doch nur wissen, ob ich zu schnell unterwegs bin. Für die Beantwortung der Frage kann die Geschwindigkeit doch gar keine Rolle spielen. Wenn ich schneller fahre, komme ich schneller nach Hause. Dabei kommt es doch nicht auf meine jetzige Geschwindigkeit an." Doch Laura widerspricht ihm und erläutert:

Schau mal, Opa, wenn du mit 100 km/h unterwegs bist, bräuchtest du noch 1,5 Stunden nach Hause. Um eine Viertelstunde früher zu Hause anzukommen, dürftest du also nur noch 1,25 Stunden brauchen. Dann müsstest du 20 km/h schneller fahren, denn 150 km/1,25 h sind 120 km/h. Wenn du aber mal wieder in Walter-Röhrl-Manier mit 150 km/h unterwegs bist, bräuchtest du noch

1 Stunde nach Hause. Wenn du davon eine Viertelstunde einsparen willst, dürftest du also nur noch 45 min – also 0,75 Stunden – nach Hause brauchen. Du müsstest dann also 50 km/h schneller fahren, denn 150 km/0,75 h sind 200 km/h. Und das wäre dann doch etwas halsbrecherisch.

Uwe ist irritiert, kann aber Lauras Rechnung gut nachvollziehen. Tatsächlich ist die Geschwindigkeitserhöhung, die notwendig ist, um eine Viertelstunde einzusparen, von der Geschwindigkeit abhängig, mit der er bisher fährt. Und bei höherer Geschwindigkeit muss er seine Geschwindigkeit viel stärker erhöhen. Gut, dass Uwe seine Enkelin hat, die ihn davon abhält, nur wegen seiner Lieblingssendung nach Hause zu rasen. Und alle Leser, die schon einmal versucht haben, „gegen das Navi anzufahren", werden ebenso die Erfahrung gemacht haben, dass dies bei hohen Geschwindigkeiten kaum möglich ist.

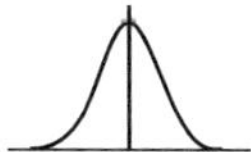

Atlantikflug

Maria ist aufgeregt. Morgen wird sie eine Reise zu ihrer Großtante Elisabeth unternehmen, und zwar nach New York. Ihr steht dabei der erste Atlantikflug bevor. Sie hat alles akribisch vorbereitet. Ihr Koffer ist gepackt, die Flugtickets liegen bereit, und sie hat den Reiseführer von „Big Apple" schon ausführlich studiert. Nun hat sie noch Zeit schon einmal auszukundschaften, welche Route ihr

Flugzeug morgen wohl nehmen wird. Dazu nimmt sie eine Weltkarte zur Hand und zieht eine gerade Linie von Hamburg nach New York. Diese führt über die Niederlande und Südengland, dann südlich von Irland quer über den Atlantik bis sie bei der Ostspitze von Long Island auf das Festland trifft.

Da kommt ihr Vater hinzu und wundert sich:

Ich habe Elisabeth jetzt ja schon häufiger besucht. So ist das Flugzeug aber nie geflogen. Stattdessen waren wir viel weiter nördlich unterwegs. Wir haben das Festland schnell hinter uns gelassen, sind über die Nordsee nach Schottland geflogen, haben Nordirland südlich von uns gelassen und dann den Atlantik so weit nördlich überquert, dass wir in Neufundland auf das Festland getroffen sind. Dann sind wir über Kanada und an der US-Küste entlang auf New York zugekommen. Aber warum ist unser Flugzeug bloß so einen Umweg geflogen? Entlang der von dir eingezeichneten Linie sollte es doch am schnellsten gehen.

Beide wissen darauf keine gute Antwort.

Maria beschließt, ihre Mutter zu fragen. Die ist schließlich Lehrerin für Mathe und Erdkunde. Und sie kann tatsächlich helfen:

Ihr müsst daran denken, dass die Erde eine Kugel ist und nicht so flach wie eure Weltkarte. Auf dieser werden die Entfernungen also nur verzerrt dargestellt. Nehmt stattdessen lieber den Globus. Ihr könnt auf dem Globus die kürzeste Strecke zwischen zwei Punkten finden, indem ihr einen Faden zwischen den beiden Punkten spannt. Der gespannte Faden ist dann übrigens ein Teil eines sogenannten „Großkreises". Das sind die Kreise auf der Kugel, die ihren Namen daher haben, dass es die größten Kreise sind, die man darauf einzeichnen kann. Ihr Mittelpunkt ist immer der Kugelmittelpunkt. Wenn ihr jetzt den Großkreis auf dem Globus betrachtet, der durch Hamburg und New York verläuft, dann habt ihr die kürzeste Flugstrecke. Und das ist genau die Strecke, an die sich dein Vater auch erinnert.

Nachdem dieses Rätsel also auch gelöst ist, kann Maria sich wieder dem spannenden Ziel ihrer Reise zuwenden und sieht sich innerlich schon vor der Freiheitsstatue stehen.

Das Geheimnis des Matratzewendens

Dass Mathematik das Rückgrat für Naturwissenschaften und Technik bildet, dürfte hinlänglich bekannt sein. Aber dass sich Mathematik auch in so alltäglichen Tätigkeiten wie dem Bettenmachen versteckt, dürfte doch eher überraschen.

Vielleicht gehören Sie auch zu den Personen, die – wie von den Herstellern empfohlen – die Matratze Ihres Bettes regelmäßig wenden, um eine möglichst gleichmäßige Belastung zu erreichen. Aber auf welche Weise drehen Sie die Matratze? Dafür gibt es im Wesentlichen folgende Möglichkeiten: Sie drehen die Matratze entlang der horizontalen oder der vertikalen Achse. Dabei kommt die Seite, die bisher unten lag, nach oben, und die linke und rechte bzw. die obere und untere Seite werden vertauscht. Als dritte Möglichkeit können Sie die Matratze auch auf der gleichen Seite liegen lassen, sie aber in der Ebene um 180 Grad drehen. Nicht vergessen sollte man auch die Methode für Faule: Sie bewegen die Matratze einfach gar nicht. So ergeben sich also vier Möglichkeiten, und jede führt zu einer anderen Matratzenlage.

Die entscheidende Frage ist nun aber, wie Sie in der Praxis erreichen können, dass tatsächlich alle denkbaren Lagen möglichst gleichmäßig benutzt werden. Es wird ja doch kaum jemand darüber Buch führen, wie seine Matratze in den vergangenen Jahren lag. Und wenn Sie immer wieder nur eine der oben genannten Matratzendrehungen anwenden, dann wechseln Sie Ihre Matratze immer nur zwischen zwei Positionen hin und her. Hier hilft eine feste Regel: Wenn Sie die Matratze erst vertikal und beim nächsten Mal horizontal drehen, entspricht das gerade der Drehung in der Ebene um 180 Grad. Und wenn Sie diese beiden Drehungen immer im Wechsel durchführen, dann durchläuft Ihre Matratze alle möglichen Lagen ganz regelmäßig. Probieren Sie es ruhig einfach aus. Wenn Ihnen die Matratze zu schwer ist, dann probieren Sie es stattdessen einfach mit diesem Buch.

In der Tat empfehlen Hersteller, die Matratze im Frühjahr um die horizontale und im Herbst um die vertikale Achse zu drehen. Damit erreichen Sie eine gleichmäßige Abnutzung. Und wenn ein Mathematiker dies in die Sprache der Mathematik übersetzt, dann kann man erkennen, dass wir mit den Überlegungen zum Umdrehen einer Matratze schon wesentliche Eigenschaften der sogenannten „Klein'schen Vierergruppe" hergeleitet haben, wie sie auch in vielen anderen Bereichen auftauchen. Aber auch ohne diese Erkenntnis wird sich die dahinterstehende Mathematik hoffentlich positiv auf Ihre Nachtruhe auswirken.

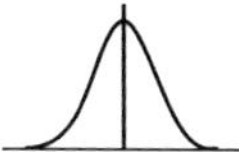

Zweifelhafte Abstimmung

Lars, Ole und Jan kommen von der Jahreshauptversammlung ihres Sportvereins. Dort wurde an diesem Tag viel über die richtige Abstimmungsart diskutiert. Wer interessiert sich schon für solche Paragrafenreiterei, fragen sich die drei.

Zur Stärkung wollen sie gemeinsam Essen gehen. Allerdings können sie sich nicht sofort einigen: Lars würde am liebsten in eine Pizzeria gehen, ein chinesisches Restaurant wäre auch noch gut, keinen Appetit hätte er auf griechische Küche, da er bereits gestern griechisch gegessen hat. Bei Ole ist es anders, er präferiert das griechische Restaurant und eine Pizzeria wäre auch noch o.k., auf chinesisches Essen hat er hingegen keine Lust. Jan – Sie ahnen es schon – würde am liebsten ins chinesische Restaurant gehen, die Alternative eines griechischen Restaurants würde er noch mittragen, einer Pizzeria hingegen kann er gar nichts abgewinnen, da sein Lieblingsfußballverein gerade gegen eine italienische Mannschaft verloren hat.

Schnell stellen sie fest, dass sie sich schwer werden einigen können. Deshalb schlägt Lars vor, erst einmal über die Wahl des chinesischen und des griechischen Restaurants abzustimmen, da beide in nördlicher Richtung liegen und die Pizzeria hingegen in südlicher Richtung. Sie stimmen ab, und es gewinnt mit den Stimmen von Lars und Jan das chinesische Restaurant. In einer zweiten Abstimmung wählen sie nun zwischen der Pizzeria und dem chinesischen Restaurant. Nun gewinnt die Pizzeria mit den Stimmen von Lars und Ole, wie Lars mit Freude feststellt.

Beim Vorgehen in Teilabstimmungen hat die Reihenfolge der Einzelentscheidungen offensichtlich einen Einfluss auf den Ausgang der Abstimmung. So wäre stattdessen nämlich die Wahl auf das griechische Restaurant gefallen, wenn erst über die Pizzeria und das chinesische Restaurant abgestimmt worden wäre und im zweiten Schritt über den Griechen und den Gewinner des ersten Schritts.

Dieses Phänomen, wonach der Ausgang einer Abstimmung abhängig von der Reihenfolge der Teilabstimmungen sein kann, geht auf den Demokratie-Theoretiker Marquis de Condorcet zurück und wird als Condorcet-Paradoxon bezeichnet. Bei vielen Abstimmungen kann dieses Phänomen Wahlausgänge entscheiden, je nachdem, wie die Wahl organisiert wird. So ist es auch nicht nur Paragrafenreiterei, wenn auch bei einer Jahreshauptversammlung über den Wahlmodus gestritten wird.

Lars, Ole und Jan entscheiden sich aber für einen Konsens: Sie gehen in das schöne indische Restaurant direkt um die Ecke.

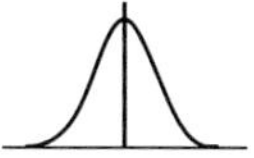

Daumensprung

„Das sind über den Daumen gepeilt zehn Meter." Wahrscheinlich ist Ihnen diese Redensart auch schon begegnet, wenn eine Größe nur grob geschätzt wird. Aber haben Sie sich schon einmal Gedanken darüber gemacht, woher dieser Ausdruck eigentlich stammt?

Der Hintergrund dieser Redensart ist, dass man den eigenen Daumen und etwas Mathematik gut dazu benutzen kann, um Größen ungefähr zu schätzen. Die bekannteste Methode ist dabei der „Daumensprung" zur Bestimmung von Entfernungen, der traditionell beim Militär eingesetzt wurde. Dieser ist einfach auszuführen. Versuchen Sie es doch einmal selbst!

Suchen Sie sich ein Objekt in einiger Entfernung von Ihnen, dessen Abstand Sie genauer schätzen möchten. Strecken Sie nun Ihren rechten Arm nach vorne aus, ballen Sie Ihre Hand zu einer Faust und stellen Sie den Daumen nach oben auf. Schließen Sie nun Ihr linkes Auge und peilen Sie mit dem rechten das Zielobjekt an. Wechseln Sie nun die Augen, schließen Sie also das rechte und öffnen dafür wieder das linke und fixieren Sie wieder Ihr Ziel. Sie werden bemerken, dass Ihr Daumen dabei scheinbar einen Sprung zur Seite gemacht hat. Schätzen Sie den Abstand der „beiden" Daumen projiziert auf das Zielobjekt, also die Breite, um die der Daumen auf dem Zielobjekt beim Augenwechsel „springt". Multiplizieren

Sie nun diesen Abstand mit 10, und Sie erhalten die ungefähre Entfernung des Zielobjekts von Ihnen (genauer gesagt: von Ihrem Daumen). Hat das bei Ihnen geklappt? Sie werden feststellen, dass Sie auf diese Weise natürlich keine ganz exakte Messung durchführen können, aber „über den Daumen gepeilt" sollte der Wert ganz gut stimmen.

Aber wie kommt man auf dieses Verfahren und wieso multipliziert man gerade mit 10? Hintergrund sind die Strahlensätze, an die Sie sich vielleicht noch aus Schulzeiten erinnern können. Die Armlänge eines Erwachsenen beträgt etwa 70 cm, der Augenabstand ist etwa 7 cm. So erhält man gerade ein Verhältnis von 10:1; dies liefert den Faktor 10. Die Werte sind natürlich von Mensch zu Mensch unterschiedlich. Wenn Sie es genauer wissen möchten, errechnen Sie Ihren persönlichen Faktor. Der Strahlensatz besagt nun gerade, dass sich die Entfernung zum Zielobjekt und der Abstand der „beiden" Daumen auch entsprechend diesem Verhältnis ergeben.

Verblüffen Sie doch einfach Ihre Mitmenschen mit dieser Methode, die schön zeigt, dass mathematisches Schulwissen im Alltag häufig nützlich sein kann.

Papier mit Format

An diese Papiergröße haben wir uns von Kindesbeinen an gewöhnt: Ein DIN-A4-Blatt hat die Seitenlängen 29,7 cm × 21,0 cm. Vor der Einführung des DIN-Formats im Jahr 1922 wurde in Deutschland eine große Zahl unterschiedlicher Formate benutzt, sodass etwa Briefe häufig nur schlecht in Umschläge und Ordner passten. Die Vereinheitlichung hat also vieles erleichtert und den Papierverschnitt deutlich reduziert. Aber auch wenn es uns heute sehr vertraut erscheint, so wirkt die Wahl der Seitenlängen des DIN-A4-Papiers doch sehr willkürlich. Wie kam man gerade darauf, dieses Format auszuwählen?

Hier hilft zum Verständnis die Mathematik weiter. Denn ganz so willkürlich, wie es scheint, ist die Wahl nicht. Zuerst sollten wir uns daran erinnern, wie die Größen der DIN-genormten Papiere in unterschiedlichen Formaten zusammenhängen. Faltet man ein DIN-A4-Blatt einmal in der Mitte der längeren Seite, entstehen zwei DIN-A5-Blätter. Nochmaliges Teilen dieser in der Mitte der längeren Seite erzeugt DIN-A6-Blätter usw. Legt man umgekehrt zwei DIN-A4-Blätter zusammen, so entsteht ein DIN-A3-Blatt und so fort. Dabei ändern sich also die Blattgrößen, das Verhältnis der langen und der kurzen Blattseite bleibt aber bei allen Blattgrößen gleich. Der Mathematiker sagt, die Rechtecke seien ähnlich. Bezeichnen wir die Länge der längeren Seite mit a und die der kürzeren mit b, so ist nach einmaligem Falten b die Seitenlänge der längeren Seite des entstehenden kleineren Blatts. Die Kürzere Seite hat nun gerade eine Seitenlänge von a/2, weil man ja die ursprüngliche Länge durch das Falten halbiert hat. Damit die Seitenverhältnisse gleich bleiben, muss also das Verhältnis der Seitenlängen beim ursprünglichen größeren Blatt gleich dem Verhältnis beim neuen kleinen Blatt sein, also a:b = b:(a/2). Umstellen der Gleichung ergibt a:b = $\sqrt{2}$. Das Verhältnis der Seitenlängen entspricht also immer der Wurzel aus 2, also 1,41… Und in der Tat gilt beim DIN-A4-Format: 29,7 cm:21,0 cm $=$ 1,41… Man erhält also die Länge der längeren Seite ganz automatisch, indem man die kürzere Länge mit 1,41… multipliziert. Für die anderen DIN-Formate gilt das Gleiche.

Aber warum ist die kürzere Seite beim DIN-A4-Blatt gerade 21 cm? Diese wurde so gewählt, dass das Blatt eine Fläche von 1/16 m^2 hat. Da 16 DIN-A4-Blätter ein DIN-A0-Blatt ergeben, füllt dieses genau 1 m^2 aus. Es steckt also ganz schön viel Mathematik in einem einfachen Blatt Papier.

Preis für kleine Wellen

Der französische Mathematiker Yves Meyer hat 2017 den Abelpreis für Mathematik erhalten. Der Preis wird jährlich durch die Norwegische Akademie der Wissenschaften für außergewöhnliche mathematische Arbeiten vergeben und gilt oft als Ersatz für den nicht vorhandenen „Nobelpreis für Mathematik".

Aber kann man in der Mathematik überhaupt etwas Neues herausfinden? Oder anders gefragt: Womit beschäftigt sich jemand, der einen solchen Preis erhält? – Diese Fragen tauchen bei Preisen für Mathematik sicher häufiger auf als in anderen Bereichen und auch in diesem Fall ist es natürlich vermessen, das ganze Werk von Yves Meyer in wenigen Zeilen allgemein verständlich darlegen zu wollen. Bei einem wichtigen Aspekt seiner Arbeit möchten wir dies hier aber versuchen, weil seine Arbeit tatsächlich Auswirkungen auf viele Bereiche des Alltagslebens hat.

Ausgangspunkt zum Verständnis sind die Sinusfunktionen. Diese beschreiben regelmäßige Schwingungen, z. B. die Höhe eines idealisierten Pendels über die Zeit, wenn dieses ganz regelmäßig und reibungsfrei schwingt. Diese Funktionen werden schon seit der Antike untersucht und der eine oder andere Leser hat sie vermutlich schon in der Schule kennengelernt. Nun ist die wirkliche Welt aber nicht so einfach, dass diese Beschreibung allein besonders hilfreich sein könnte, da sie die wirklichen Begebenheiten nicht gut genug abbildet. Schon lange vor Meyers Zeiten hat man daher versucht, viel kompliziertere Zusammenhänge zu beschreiben, indem man sie in viele unterschiedliche Sinusschwingungen zerlegt. An dieser Theorie, der Fourieranalyse, hat auch Meyer in den 1970er-Jahren gearbeitet. In der Praxis ist dabei aber problematisch, dass kleine, aber sehr wichtige Signale hierbei „übersehen" werden. Beobachtet man etwa kosmische Gravitationswellen, so will man herausfinden, ob zwei schwarze Löcher verschmelzen. Um dieses kurze, charakteristische Signal erfassen zu können, sind normale Sinusfunktionen nicht sonderlich geeignet. Meyer hat stattdessen sogenannte „Wavelets" (in etwa: „kleine Wellen") eingeführt, die immer noch mathematisch gut handhabbar sind, aber solche kurzen Signale erfassen können.

Das Ganze erscheint also erst einmal sehr abstrakt. Aber wie so oft bei einer guten mathematischen Idee sind die Anwendungsfelder am Ende fast unbegrenzt. So werden

Wavelets z. B. dazu genutzt, Fotos so zu zerlegen, dass sie sehr platzsparend abgespeichert werden können. So sind Sie vermutlich bei jeder Fotoaufnahme mit Meyers Arbeit konfrontiert.

Kurioses beim Algentrocknen

Hauke betreibt eine Algenfarm, in der Algen für Kosmetika und zur Energiegewinnung gezüchtet werden. Viele Bekannte von Hauke sind immer wieder überrascht, wenn er ihnen erzählt, dass Algen zu einem extrem großen Anteil aus Wasser bestehen. Die Algenart, die in Haukes Farm angebaut wird, kommt etwa auf 99 % Wasseranteil. Das ist für die meisten Anwendungen deutlich zu viel, sodass die Algen vor der Weiterverarbeitung erst einmal getrocknet werden müssen.

Gerade bringt Haukes Mitarbeiter Hein eine Ladung mit einem Kilogramm frischer Algen und hängt diese zum Trocknen in die Sonne. „Warte bis der Wasseranteil der Algen auf 98 % gesunken ist, dann kommt der nächste Verarbeitungsschritt", erklärt Hauke. Hein wundert sich über diese Anweisung. Schließlich scheint es ihm so, dass in diesem ersten Trocknungsschritt mit den Algen fast nichts passiert. Der Wassergehalt sinkt schließlich gerade einmal von 99 % auf 98 %. Das scheint ja nicht wirklich viel zu sein. Hein macht sich erst einmal keine weiteren Gedanken, sondern nutzt die Trocknungszeit für ein kleines Nickerchen in der Sonne. Als er schließlich wieder aufwacht, erschrickt er. Wie lange er wohl geschlafen hat? Er fasst die Algen an und stellt fest, dass sie viel leichter als vorher sind. Oje, da wird der Wassergehalt wohl nun viel zu niedrig sein.

Dann aber rechnet er nach: Beim Trocknen in der Sonne verdunstet nur das Wasser der Algen, die festen Bestandteile bleiben in der Alge erhalten. Ein Wasseranteil von 99 % bedeutet dabei, dass auf 100 g einer Alge 99 g Wasser und nur ein Gramm Feststoffe kommen. Sinkt der Wasseranteil nun auf 98 % bedeutet dies, dass auf je 100 Teile Alge 98 Wasserteile und zwei Teile Feststoffe kommen, oder anders ausgedrückt: auf je 50 g Alge kommen 49 g Wasser und ein Gramm fester Stoffe. Da beim Trocknen nur das Wasser verdunstet und die festen Teile unverändert bleiben, kann dies nur dadurch geschehen, dass von zuvor 100 g einer Alge 50 g Wasser verdunsten. Bei 99 % Wasseranteil kommt 1 g Trockenmasse in 100 g Alge vor, bei 98 % Wassergehalt dagegen in 50 g Alge, die Algen verlieren also die Hälfte ihrer Masse. Von dem einen Kilogramm, das Hein zum Trocknen in die Sonne gehängt hat, bleiben nach diesem ersten Trocknungsschritt damit nur noch 500 g übrig. Die Masse hat sich also glatt halbiert, obwohl der Wasseranteil nur von 99 % auf 98 % gesunken ist! Das hätte Hein nicht gedacht. Und ohne es zu ahnen, hat er sich selber das in der Literatur sogenannte „Kartoffelparadoxon" überlegt.

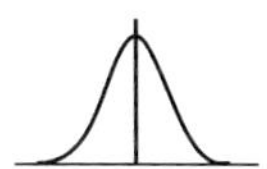

Die Würfel-Frage

Haben Sie sich schon einmal Gedanken darüber gemacht, warum fast alle Würfelspiele mit einem Würfel mit sechs Seiten gespielt werden? Warum hat sich in der Menschheitsgeschichte genau dieser Würfel durchgesetzt, der bereits seit dem Altertum Erwähnung findet? – Die Antwort hat praktische und mathematische Gründe. Konkret hat bereits der griechische Mathematiker Theaitetos gezeigt, dass es überhaupt nur fünf reguläre (konvexe) Polyeder gibt, die als Würfel infrage kommen. Diese sind das Tetraeder (mit vier Seiten), das Hexaeder (mit sechs Seiten), das Oktaeder (mit acht Seiten), das Dodekaeder (mit 12 Seiten) und das Ikosaeder (mit 20 Seiten).

Betrachten wir als erstes das Tetraeder, das zum Teil tatsächlich bei Würfelspielen eingesetzt wird. Es besteht aus vier Dreiecken. Die Nachteile dieses Würfels liegen aber auf der Hand: Erstens ist die Auswahl von nur vier Ausgängen (die Zahlen von 1 bis 4) zu gering für viele Würfelspiele. Zweitens ist die Herstellung ohne heutige Präzisionswerkzeuge schwierig. Drittens rollt das Tetraeder nur sehr schwer. Es bleibt häufig auf der Seite liegen, mit der es zuerst den Boden berührt. Das ist für ein Glücksspiel hinderlich. Viertens zeigen die drei anderen Seiten, die nicht auf dem Boden liegen, alle gleichermaßen nach oben und es ist somit schwierig Regeln festzulegen, welches Ergebnis der Würfel anzeigt. Das Tetraeder bleibt also aus nachvollziehbaren Gründen ein Nischenprodukt.

Bleibt als Nächstes das Hexaeder – unser klassischer Würfel. Dieser weist rechteckige Kanten auf. Dieser Umstand hat dazu geführt, dass er leicht hergestellt werden kann, denn ein rechter Winkel lässt sich z. B. unter Zuhilfenahme eines Lots recht einfach und präzise erzeugen. Darüber hinaus rollt der Würfel sehr gut ab, gerade wenn er auch noch leicht abgerundete Kanten aufweist. Und ein Ableseproblem besteht auch nicht, denn eine Seite liegt immer klar erkennbar oben.

Für die drei weiteren Würfel mit acht, 12 oder gar 20 Seiten besteht erneut das Problem der präzisen Herstellung. So haben sich auch diese drei Würfel mit guten Abrolleigenschaften nicht durchgesetzt. Dieses mag auch darin begründet sein, dass große Zahlen – dargestellt durch Punkte – schwer ablesbar sind.

Wenn Sie also an einem verregneten Wochenende demnächst wieder Kniffel und Co. spielen, wissen Sie nun, warum es kaum gute Alternativen zum klassischen Würfel mit sechs Seiten gibt und sich dieser somit bei Würfelspielen durchgesetzt hat.

Mathe kann vor Selbstmord schützen

Diskussionen am Nachbartisch im Restaurant sollte man eigentlich nicht belauschen. Aber manchmal kann man einfach nicht weghören. So hat einer der Autoren in einer Pizzeria einen „Klassiker" der Flächenberechnung erleben können. Zwei Gäste studierten die Speisekarte und amüsierten sich köstlich und lautstark darüber, dass die Pizza mit 40 cm Durchmesser mehr als doppelt so teuer ist wie die mit 20 cm. Natürlich entschieden sich dann beide für eine kleine Pizza, statt für eine gemeinsame große. Nicht bedacht haben die beiden allerdings, dass für die Pizzagröße nicht der Durchmesser, sondern der Flächeninhalt verantwortlich ist. Der Flächeninhalt ergibt sich bekanntlich als Produkt der Kreiszahl $\pi = 3,14159\ldots$ und dem Quadrat des Radius. Ein doppelter Durchmesser führt also zu einer $2^2 = 4$-fach größeren Pizza. Und dafür wird der Restaurantbesitzer natürlich selbst bei einkalkuliertem Mengenrabatt mehr als das Doppelte verlangen.

Nun hat das mathematische Unwissen die beiden Pizzafreunde wohl nicht dauerhaft geschädigt (sondern wohl lediglich vor einem zu vollen Bauch bewahrt). Ein vergleichbarer Fehlschluss hat aber, der Legende nach, den Erbauer des Kolosses von Rhodos das Leben gekostet. Nachdem die Bewohner der Insel beschlossen hatten, dem Sonnengott Helios aus Dankbarkeit ein Standbild zu errichten, beauftragten sie den Bildhauer Chares von Lindos mit den Arbeiten an einer mittelgroßen Statue. Für diese berechnete Chares die Material- und Arbeitskosten und nannte einen Festpreis. Anschließend überlegten es sich die Auftraggeber aber noch einmal anders und wünschten sich eine doppelt so hohe Statue. Ohne lange nachzudenken verlangte Chares dafür den doppelten Preis, und man wurde sich einig. Weil die Statue aber natürlich nicht nur höher, sondern auch entsprechend breiter und tiefer werden musste, war die achtfache Menge (doppelte Höhe, Breite und Tiefe, also $2^3 = 8$) an Material nötig, was Chares schnell ruinierte und ihn schließlich in den Selbstmord trieb.

Bei Verdoppelungen sollte man also bei Flächen- und Volumenberechnungen besser kurz an seine Schulzeit denken, bevor man womöglich vorschnell fatale Fehleinschätzungen abgibt.

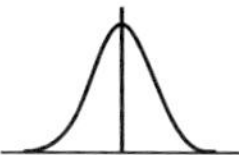

Knoten im Hirn?

Sarah und Paula sind unglücklich. Sie wollen den sonnigen Feriennachmittag nutzen, um „Pferdchen" zu spielen: Sarah will ihrer Freundin ein zusammengebundenes Seil umlegen und dann hinter ihr her durch den Garten „reiten". Die beiden Mädchen finden im Schuppen auch ein altes Springtau und sogar die Enden sind schon passend – und sehr fest – zusammengeknotet. Der wilde Ritt kann dann aber doch noch nicht losgehen. Das Springseil lag nämlich vorher in einer Kiste und ist total verknotet. Wäre das Entflechten des nicht zusammengebundenen Seils schon schwierig, dann scheint es mit den zusammengebundenen Enden fast unmöglich. So sehr die beiden Mädchen sich auch bemühen, es will ihnen einfach nicht gelingen. Sie geben nach einiger Zeit auf: „Das kann man gar nicht entknoten!"

Haben sich die Mädchen nur nicht genug angestrengt oder ist ein Entknoten dieses Gewirrs vielleicht wirklich gar nicht möglich? Und gibt es überhaupt Fälle, in denen ein Scheitern vorprogrammiert ist? Diese Frage beschäftigte nicht nur Sarah und Paula, sondern auch

Mathematiker schon mindestens seit dem 18. Jahrhundert. Und lange war die Antwort unklar. Wie soll man denn auch beweisen, dass ein Entknoten unmöglich ist? Auch wenn man es noch so lange erfolglos versucht, könnte es doch sein, dass man nur den richtigen Kniff noch nicht gefunden hat.

Vor 85 Jahren hatte der Mathematiker Kurt Reidemeister die richtige Idee und zeigte, dass es wirklich unentwirrbare Seile gibt. Zuerst beschrieb er dazu drei Grundbewegungen, die wir auch alle beim Entknoten nutzen:

1. Mache eine Schlaufe,
2. lege zwei Seilstücke übereinander und
3. bewege ein Seilstück über eine Überkreuzung hinweg.

Dann zeigte er, dass sich jede noch so komplizierte Entknotung des Seils dadurch realisieren lässt, dass man die drei Grundbewegungen in unterschiedlicher Reihenfolge mehrmals hintereinander durchführt. Das machte das Entknoten zumindest für die Theorie etwas übersichtlicher. Dann betrachtete er Eigenschaften des Seils, die sich unter den drei Bewegungen nicht ändern, sogenannte Invarianten. Hat nun das verknotete Seil von Sarah und Paula eine andere invariante Eigenschaft als ein entknotetes, mit dem sie Pferdchen spielen möchten, dann ist klar, dass sie es nicht entknoten können. Egal, was sie nämlich tun, die invariante Eigenschaft können sie nicht ändern. Dann können sie nie beim entknoteten Seil anlangen. Da Sarah und Paula keine Ahnung von Invarianten haben, bleibt ihnen wahrscheinlich nur zu versuchen, die Seilenden doch noch zu lösen. Dann gibt es kein unlösbares Problem.

Mathematik ist schön

Wir hoffen, dass das vorige Kapitel Sie überzeugt hat, dass Mathematik in den unterschiedlichsten Bereichen nützlich ist. Aber mit dieser Kapitelüberschrift lehnen wir uns doch ein wenig zu weit aus dem Fenster, oder? Ästhetische Maßstäbe werden die meisten Leser vermutlich eher selten an Mathematik anlegen. Aber bei der Diskussion über Mathematik spielt die Schönheit der Resultate und Theorien eine ganz wesentliche Rolle. Und erstaunlicherweise lässt sich historisch immer wieder beobachten, dass gerade die Mathematik, die nur um der Schönheit willen gemacht wurde, doch später weitreichende praktische Anwendungen hatte oder hat. Als Gott „die Welt in der Sprache der Mathematik“ geschaffen hat, wie es Galileo Galilei formulierte, hat er sich also offenbar für „mathematische Gedichte“ entschieden. Dafür möchten wir in

© Springer-Verlag GmbH Deutschland, ein Teil von Springer Nature 2018
B. Christensen und S. Christensen, *Achtung: Mathe und Statistik*,
https://doi.org/10.1007/978-3-662-57739-4_5

diesem Kapitel einige Beispiele geben, die zumindest wir als ästhetisch empfinden.

Was ist eigentlich 0,9999…?

Konrad kommt aufgeregt aus der Schule nach Hause und stürmt gleich in das Zimmer seiner großen Schwester: „Klara, Klara, ich habe mir auf dem Heimweg von der Schule überlegt, welches die größte Zahl ist, die echt kleiner ist als 1." Klara schaut genervt von ihren Hausaufgaben auf: „So eine Zahl gibt es doch gar nicht." – „Natürlich gibt es die. Ich weiß sogar, welche es ist." Klara denkt einen Moment nach und antwortet dann: „Egal, was du dir überlegt hast, es kann nicht richtig sein. Bilde mal den Mittelwert aus deiner Zahl und 1. Das ist dann eine Zahl, die in der Mitte zwischen deiner Zahl und 1 liegt. Deine Zahl kann also nicht die größte sein, die echt kleiner als 1 ist."

Konrad kann das Argument nachvollziehen. Seine Schwester ist bei Mathefragen immer so schnell. Aber er gibt nicht auf: „Aber was ist mit 0,9999…, also Null Komma Periode Neun? Das ist doch so eine Zahl." Jetzt kommt auch Klara ins Grübeln. Hat ihr kleiner Bruder etwa recht? Dann fällt es ihr aber doch ein: „Konrad, du weißt doch, wie man 1/3 als Kommazahl schreibt." – „Ja, das ist 0,3333…" – „Genau, und was ist, wenn man diese Zahl mit 3 multipliziert?" Konrad fängt an zu rechnen: „Dann kommt ja genau meine Zahl heraus: 0,9999… – Aber warte: Andererseits ist $1/3 \times 3$ ja 1. Das heißt ja, dass 0,9999… einfach gleich 1 ist." Klara freut sich, dass ihr Bruder mit ihrer Hilfe selbst auf die Lösung gekommen ist.

Klara hat ihren Bruder also mit schönen mathematischen Argumenten davon überzeugt, dass 0,9999… nichts anderes als 1 ist. Aber auch Konrad kann ein bisschen stolz auf sich sein. Denn vor einigen Jahren stellte die Schülerin Lina Elbers dem Berliner Mathematikprofessor Ehrhard Behrends ebenfalls die Frage, wieso 0,9999… gleich 1 ist. Sie bekam dafür einige Jahre später eine bemerkenswerte Auszeichnung – einen Preis für die beste Frage, die ein Schüler einem Mathematikprofessor gestellt hat.

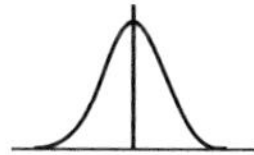

Minus mal Minus ist Plus

Mathe war während seiner Schulzeit immer Haralds Lieblingsfach. Ihm haben die Formeln und das Rechnen viel Freude bereitet. Darum freut er sich jetzt auch, seinem Enkel Jonas bei den Mathe-Hausaufgaben zu helfen. Heute geht es um das Rechnen mit negativen Zahlen. Die erste Aufgabe ist $(-2) \times (-150)$. Jonas muss darüber ein wenig nachdenken und antwortet dann etwas zaghaft: „-300?". Das kann Harald natürlich nicht so stehenlassen: „Jonas, 2×150 sind 300 und du hast hier zweimal ein Minuszeichen. Und Minus mal Minus ist Plus, sodass insgesamt +300 als Ergebnis herauskommt." Jonas ist verzweifelt: „Das hat uns unser Lehrer auch schon erzählt. Aber wie soll man das verstehen?" Harald fängt an nachzudenken. Wieso ist Minus mal Minus eigentlich Plus? Eine richtig gute Erklärung fällt ihm auch nicht ein. „Das macht man halt so", denkt er, aber damit wird sich Jonas sicher nicht zufriedengeben.

Das Schweigen wird von der aufgehenden Wohnungstür unterbrochen. Jonas freut sich sehr darüber, denn sein Vater Carsten kommt von der Arbeit. Er ist Polizist und kann auch heute wieder Interessantes berichten:

> Wir hatten heute eine Radarkontrolle auf der Autobahn, denn dort ist wegen einer Baustelle eine Geschwindigkeitsbegrenzung. Bei Kilometer 10, also 10 km östlich von unserer Kontrollstelle, haben die Kollegen die Raser dann rausgewinkt. Bei Kilometer −5, also 5 km westlich von unserer Kontrolle, standen andere Kollegen und haben uns schon vorgewarnt. Der größte Raser war aber in der Gegenrichtung unterwegs. Den hat die mobile Streife mit 150 km/h gemessen.

Jonas hört gebannt zu. Und Harald fällt endlich eine Erklärung für die Mathefrage ein: „Jonas, wenn die Polizisten den Raser nicht gestoppt hätten, bei welchem Kilometer wäre er dann nach einer Stunde gewesen." Jonas muss nicht lang nachdenken: „Das ist doch leicht, bei Kilometer −150. Schließlich war er ja 1 Stunde mit 150 km/h in entgegengesetzter Richtung unterwegs." „Genau, da hast du gerade $1 \times (-50)$ gerechnet. Und bei welchem Kilometer war er 2 Stunden vor der Kontrolle, wenn er die ganze Zeit so gerast wäre?" Auch das ist leicht für Jonas: „Na klar, 2 Stunden vor der Kontrolle war er bei 150 km/h, also 300 km östlich der Kontrollstelle, also bei Kilometer 300." „Ja, genau, und dafür hast du gerade $(-2) \times (-150)$ ausgerechnet. Und du siehst, es kommt etwas Positives heraus." Das ist endlich eine Erklärung, die Jonas akzeptieren kann. Und Harald atmet auf. Manchmal bringen selbst einen Mathecrack wie ihn einfache Fragen ganz schön zum Nachdenken.

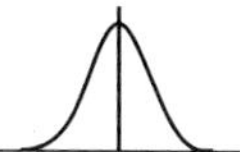

Teilen durch null

Niklas kommt zur Haustür herein, schmeißt seinen Rucksack in die Ecke und ranzt seine Mutter Tanja an: „Wir lernen nur Schwachsinn in der Schule. Selbst in Mathe werden uns nur unnötige Regeln aufoktroyiert!" Tanja schmunzelt in sich hinein, hat sie doch wahrgenommen, dass ihr Sohn eigentlich stolz auf die schwierige Vokabel ist, die er im Trotz verwendet hat. Jungen in der Pubertät sind nicht immer förderlich für den Familienfrieden. Vielleicht will ihr Sohn ja nur von der Note in der Mathearbeit ablenken, die er heute wiederbekommen sollte. Trotzdem geht sie auf seinen Vorwurf ein: „Welche unnötige Regel hat Herr Meier euch denn heute aufoktroyiert?" Niklas ereifert sich: „Wir sollen einfach so hinnehmen, dass man durch null nicht teilen kann!" Tanja nimmt ein Blatt Papier zur Hand und fängt an, eine einfache Aufgabe aufzuschreiben: $20:5=4$. Dies ist zweifelsfrei richtig, denn man kann eine einfache Probe in Form der zugehörigen Multiplikationsaufgabe machen: $4\times5=20$. Dem kann auch Niklas zustimmen, auch wenn er noch nicht versteht, worauf seine Mutter hinauswill.

Als Nächstes fragt Tanja, was nach diesem Schema bei der folgenden Aufgabe herauskommen müsste: 1:0. Könnte das Ergebnis z. B. 100 sein? Nein, denn dann müsste ja 100×0 gleich 1 sein, was nachvollziehbar falsch ist, denn $100 \times 0 = 0$. Nach gleicher Logik könnte es auch keine andere Zahl sein.

Nun führt Tanja an, dass manche argumentieren, dass $1:0 = \infty$ (unendlich) sei. Aber auch das ist problematisch, denn dann müsste ja auch $\infty \times 0 = 1$ gelten. Das könnte man zwar vorerst als logisch annehmen, aber dann würde man ja auch erwarten, dass $2:0 = \infty$ und somit $\infty \times 0 = 2$. Das wäre aber fatal, denn dann würde man akzeptieren, dass $\infty \times 0$ zwei (ja sogar unendlich viele) verschiedene Ergebnisse hat und somit, dass diese Aufgabe also keine eindeutige Lösung hat. Somit stellt die Lösung über ∞ keine wirkliche Hilfe dar, denn damit könnte man nicht vernünftig rechnen.

Nun fällt auch Niklas kein vernünftiges Gegenargument mehr ein und er muss wohl akzeptieren, dass die Regel von Herrn Meier durchaus Sinn ergibt. Sein Zorn ist verflogen und so beichtet er seiner Mutter, dass seine Mathearbeit nicht wirklich optimal gelaufen sei. Tanja kann mit dem einmaligen Ausrutscher aber ganz gut leben, da ihr Sohn sonst immer gute Noten in Mathe schreibt. Und gelernt hat Niklas ja trotzdem etwas.

Magisches Wurzelziehen

Immer wieder treten im Fernsehen Rechenmagier auf, die komplexe Rechenaufgaben in Windeseile lösen können. Damit Sie es diesen gleichtun können, wollen wir Ihnen nun einen Trick vorstellen, mit dem man mit etwas Übung sehr schnell Quadratwurzeln bestimmen kann. Für kleinere Zahlen hat sicher jeder die Wurzeln einmal in der Schule kennengelernt. So ist die Wurzel aus 9 die Zahl 3, da $3 \times 3 = 9$.

Aber wie soll man beispielsweise schnell die Wurzel aus 841 ziehen (wenn man weiß, dass dies eine ganze Zahl ist)? – Bei solchen Aufgaben kann man in drei Schritten vorgehen. Zuerst streicht man die letzten beiden Ziffern. Übrig bleibt in unserem Beispiel die Zahl 8 (1. Merkzahl). Nun sucht man die größte Zahl, die quadriert kleiner oder gleich dieser Zahl ist. In unserem Fall ist dies die 2, denn $2 \times 2 = 4$, was kleiner als 8 ist (bei 3 hätte man im Quadrat die Zahl 8 überschritten, denn $3 \times 3 = 9$). Wir merken uns also die 2, die die erste Ziffer unserer Lösung sein wird. Im zweiten Schritt gucken wir uns nur die letzte Ziffer unserer ausgewählten Zahl 841 an, also die 1. An dieser kann man ablesen, dass die gesuchte Wurzel als letzte Ziffer nur eine 1 oder 9 haben kann, denn sonst erhält man bei der Lösung als letzte Ziffer keine 1. Wir fügen diese beiden Lösungen zusammen und erhalten die potenziellen Wurzeln 21 oder 29. Welche dieser beiden Zahlen mit sich selbst multipliziert nun wirklich 841 ist, können wir mit dem dritten Schritt herausbekommen. Dafür greifen wir auf die Ziffer des ersten Schritts (das war die 2) zurück, und multiplizieren diese Zahl mit ihrem Nachfolger, also $2 \times 3 = 6$. Diese Zahl ist noch kleiner als unsere 1. Merkzahl 8. In diesem Fall wählen wir die größere unserer beiden potenziellen Lösungen aus. Die Wurzel aus 841 ist also 29. Und das Nachrechnen zeigt tatsächlich, dass $29 \times 29 = 841$ ist.

Das Verfahren mag auf den ersten Blick kompliziert erscheinen, funktioniert aber mit etwas Übung sehr gut. Versuchen Sie es zur Übung einmal mit einer größeren Zahl: Was ist die Wurzel aus 3844? Die Lösung ist 62, die Schritte dazu finden Sie am Ende dieses Textes.

Tatsächlich sollten Sie mit etwas Übung sehr schnell Freunde und Bekannte in Erstaunen versetzen können. Probieren Sie es gerne aus! Und wer ganz viel Freude daran hat, kann sich gern die mathematischen Rechtfertigungen für alle drei Schritte überlegen.

Rechnen wir logisch?

„Ein 27 Jahre alter Hirte hat 25 Schafe und 10 Ziegen. Wie alt ist der Hirte?" Diese Aufgabe wurde Mitte der 1990er-Jahre von Wissenschaftlern der TU Dortmund deutschen Grundschülern gestellt. Heraus kamen zum Teil die kuriosesten Antworten, da die Kinder munter drauflos rechneten. So wurde beispielsweise die Lösung 62 Jahre angegeben, da offensichtlich $27 + 25 + 10 = 62$ gerechnet wurde. Die Forscher versuchten auch zu ergründen, wie die Kinder auf die Ergebnisse kamen. Ein Schüler nannte als Begründung, dass der Hirte 27 Jahre alt sei und die 25 noch dazugezählt werden müsse. Und die 10 Ziegen kämen auch noch dazu, da sie ja nicht weglaufen würden.

Nun geben Schülerantworten oft Grund zum Schmunzeln, vergleichbare blödsinnige Aufgaben wurden in weiteren Versuchen aber auch Kindern unterschiedlichen Alters gestellt. Die Ergebnisse zeigten, dass mit zunehmendem Alter sogar ein größerer Anteil an Grundschülern einfach blind drauflos rechnete, ohne den eigentlichen Sinn der Aufgabe zu erfassen. Der Grund scheint darin zu liegen, dass häufig im Unterricht Textaufgaben intensiv geübt werden. In der Regel werden dabei in den Textaufgaben jene Rechenoperationen abgefragt, die aktuell im Unterricht besprochen werden. Und in den Aufgaben werden vorrangig Zahlen genannt, die die Schüler dann ohne groß nachzudenken automatisch in die entsprechenden Rechenoperationen einsetzen. Die Kinder verhalten sich also so, wie es zumeist von ihnen erwartet wird. Selbst wenn sie merken, dass mit der Aufgabe etwas nicht stimmen kann, rechnen sie trotzdem weiter und geben die Schuld dem Aufgabensteller. Eindrucksvoll zeigte sich dies in einer Diskussion einer Schülerin mit dem Lehrer. Die Aufgabe lautete: „Du hast 10 Bleistifte und 20 Buntstifte. Wie alt bist du?" Die Schülerin hatte die Antwort schnell parat: „Ich bin 30 Jahre alt!" Als der Lehrer einwandte, dass die Schülerin doch wissen müsste, dass sie nicht 30 Jahre alt sei, erklärte diese, dass sie dies natürlich wisse, der Lehrer ihr in der Aufgabe aber schlicht die falschen Zahlen gegeben hätte.

Die Versuche zeigen eindrucksvoll, dass im Mathematikunterricht zum Teil wohl mindestens in der Vergangenheit einiges schiefgelaufen sein muss, wenn die Kinder lieber mechanisch eine Antwort finden, als über die Aufgabe nachzudenken. Sie können sich ja vielleicht selber ein Bild von dem Phänomen machen, indem Sie einem Kind (oder vielleicht auch einem Erwachsenen) die folgende Aufgabe stellen: „Auf einem Schiff sind 36 Schafe. Davon fallen 10 ins Wasser. Wie alt ist der Kapitän?" Von befragten Drittklässlern hatte in einem weiteren Versuch der Großteil schnell als Antwort 26 Jahre zur Hand…

Der ewige Zauberwürfel

Ralfs Geburtstagswunsch stand schnell fest. Gleich zweimal ist ihm in letzter Zeit der vom Ungarn Ernö Rubik erfundene Zauberwürfel aufgefallen. Zuerst hat die Frage nach der Anzahl der Steinchen des Würfels einem Kandidaten bei „Wer wird Millionär" die Million beschert. Anschließend hat Ralf auch noch erfahren, dass der 14-jährige Lucas Etter den Weltrekord im Lösen des Würfels auf weniger als fünf Sekunden verbessert hat.

Dem möchte Ralf gern nacheifern. Nachdem seine kleine Tochter den neuen Rubikwürfel noch am Weihnachtsabend ordentlich durcheinandergebracht hat, versucht er sich jetzt daran, den Würfel zu lösen, die Seiten also wieder einfarbig zu bekommen. Nach einiger Zeit des vergeblichen Probierens ist er deprimiert. Nicht nur, dass der Weltrekord in weiter Ferne liegt, er kann überhaupt noch keinen Fortschritt erkennen. Sein Schwiegervater Walter versucht ihn aufzumuntern: „Der Rubikwürfel ist doch auch wirklich teuflisch schwer. Ich habe gelesen, dass es die riesige Zahl von 43.252.003.274.489.856.000 verschiedenen Anfangskonfigurationen gibt. Selbst wenn jeder Mensch der Erde eine Anfangskonfiguration zu lösen versuchen würde und dafür nur eine Minute bräuchte, würden alle zusammen in ihrem ganzen Leben nicht alle Varianten ausprobieren können." – „Aber wie kann es dann sein, dass die Profis den Würfel in so kurzer Zeit lösen? Es müssen dann doch manchmal sehr viele Züge nötig sein, um zum Ziel zu kommen." Walter hat sich selbst schon einmal genauer mit dem Zauberwürfel auseinandergesetzt und weiß mehr:

Aus jeder Anfangsstellung reichen 20 Züge aus, um den Würfel zu lösen. Wie hoch die genaue Zahl ist, war mehr als 30 Jahre unklar, aber dies wurde vor einigen Jahren mithilfe von Mathematik und Computereinsatz gezeigt. Dieses Resultat ist aber eher von theoretischem Interesse. Die Zauberwürfelprofis machen oft mehr Züge. Sie merken sich viel eher eine Reihe spezieller Zugfolgen, die stets nur wenige der Feldfarben verändern und einen kleinen Abschnitt des Zauberwürfels lösen. Damit arbeiten sie sich Stück für Stück voran. Neben einem langen Training ist vor allem die Anzahl der Zugfolgen wichtig, die man schnell abrufen kann. Du musst also verstehen, welche Züge in welcher Situation möglich und sinnvoll sind.

Daran will Ralf nun arbeiten. Der Weg zu neuen Weltrekorden ist sicherlich noch sehr weit, aber einen guten Zeitvertreib hat er doch gefunden.

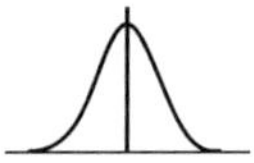

Ein Haus für alle

Wir wissen natürlich nicht, wie Sie wohnen. Wir möchten aber trotzdem ein Gedankenexperiment mit Ihnen durchführen: Stellen Sie sich einmal vor, es sollte ein Haus für alle Deutschen gebaut werden. Jeder sollte ein kleines Zimmer der Größe 2 m × 2 m × 2 m erhalten. Da es sich ja nur um ein Gedankenexperiment handelt, verzichten wir der Einfachheit halber auf Flure, Badezimmer und Küchen, sodass unser Haus nur aus den gleich großen Zimmern (natürlich mit Durchgangstüren) besteht. Die Architektur unseres imaginären Hauses soll ein Würfel sein.

Wie groß müsste ein solches Haus sein, das allen Deutschen ein Zimmer bietet? Vermutlich riesig, oder? Rechnen wir es einfach aus: Deutschland hat etwa 82,5 Mio. Einwohner. Da jeder ein Zimmer mit einem Volumen von 2 m × 2 m × 2 m = 8 m^3 erhalten soll, müsste das würfelartige Haus also 82,5 Mio. × 8 m^3 = 660 Mio. m^3 umfassen. Um dieses zu realisieren, müsste der Würfel eine Kantenlänge von gerade einmal 871 m aufweisen, denn das ist die 3. Wurzel aus 660 Mio.

Wenn man bedenkt, dass etwa das ehemalige KdF-Seebad Prora auf der Insel Rügen ca. 4,5 km lang war, ist der Würfel vermutlich deutlich überschaubarer, als Sie gedacht haben. Wir können uns ja schon die Menge aller Einwohner einer Stadt wie Flensburg oder gar Kiel nicht annähernd vorstellen. Und nun sollen alle Deutschen ein Zimmer in diesem würfelartigen Haus mit nicht einmal 1 km Kantenlänge bekommen können? Eine Erklärung dafür, dass wir uns bei derartigen Schätzungen häufig irren, ist simpel. Wir können uns noch ganz gut vorstellen, dass es an einer Seite in der untersten Etage gut 430 Eingangstüren geben müsste, denn das Haus ist ja 864 m und jedes Zimmer 2 m breit. Allerdings gibt es von dieser Reihe an Zimmern 430 Stück, die gemeinsam die unterste Etage bilden. Schon hier versagt unsere Vorstellungskraft vermutlich, denn dieses sind bereits mehr als 180.000 Zimmer. Nun soll es von dieser untersten Etage aber wiederum 430 Stück geben, die übereinandergestapelt sind. Und tatsächlich finden dann die 80,5 Mio. Deutsche alle ein Zimmer in unserem Haus vor. Wir können also schon kaum „im Quadrat" und erst recht nicht „im Kubik" denken.

Und was wäre mit der Weltbevölkerung von etwa 7,5 Mrd. Einwohnern? – Auch dieses Haus wäre natürlich groß, aber noch vorstellbar. Es hätte eine Kantenlänge von gut 3,9 km und würde damit leicht auf der Insel Föhr Platz finden. Vor unserer kleinen Rechnung hätten wir das vermutlich kaum erwartet.

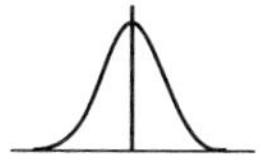

Carl Friedrich zählt

Der kleine Carl Friedrich sitzt mit seiner Familie vor dem Fernseher. Alle verfolgen gebannt die Spielshow „Schlag den Henssler". Dieses Mal ist es besonders spannend. Der Moderator und die Kandidatin liegen Kopf an Kopf, aber nun unterbricht erst einmal ein Werbeblock die Spiele. Es ist also etwas Zeit, das Gesehene Revue passieren zu lassen.

Dabei taucht schnell die Frage auf, wie viele Gewinnpunkte eigentlich insgesamt vergeben werden. Bei der Show gibt es insgesamt 15 Runden. In der ersten Runde geht es nur um einen Punkt, in der zweiten um zwei, in der dritten um drei usw. bis schließlich in der fünfzehnten Runde 15 Punkte auf dem Spiel stehen. Die Gesamtzahl ist also gar nicht so leicht zu berechnen. Trotzdem machen sich alle ans Werk: $1 + 2 + 3 + \ldots$ Da der Abend inzwischen aber schon deutlich fortgeschritten ist, fällt das Rechnen nicht mehr so leicht. Alle kommen ständig durcheinander und müssen neu beginnen. Nur Carl Friedrich sitzt scheinbar teilnahmslos daneben. Als die Werbepause schon fast vorbei ist, behauptet Vater Dietrich schließlich, dass in der Show 140 Punkte vergeben werden. Carl Friedrich aber widerspricht seinem Vater: „Papa, du musst dich verrechnet haben. Ich bin mir sicher, dass man insgesamt auf 120 Punkte kommt." „Aber woher weißt du, dass nicht du dich verzählt hast?", wendet Mutter Dorothea ein. „Ich habe gar nicht alles einzeln gezählt. Schaut mal: Gleich kommt die letzte Runde mit 15 Punkten und dazu zähle ich den einen Punkt aus der ersten Runde. Das sind 16…“. Dietrich unterbricht Carl Friedrich: „Das ist aber kompliziert. Wieso zählst du nicht von Beginn an?“. Carl Friedrich holt schnell Zettel und Stift und erstellt folgende Tabelle:

1	2	3	4	5	6	7	8	9	10	11	12	13	14	15
+ 15	14	13	12	11	10	9	8	7	6	5	4	3	2	1
= 16	16	16	16	16	16	16	16	16	16	16	16	16	16	16

Wenn man die Zahlen einmal aufsteigend und einmal absteigend untereinander aufschreibt, dann ergeben die beiden übereinanderstehenden Zahlen immer 16. Und das kann ich für jede Runde, also 15-mal, machen. Zusammen ergibt sich also $15 \times 16 = 240$. Weil wir die Punkte aus den Runden nun aber zweimal gezählt haben, müssen wir die Summe noch durch zwei teilen und kommen so auf 120. Ganz einfach.

Carl Friedrichs Eltern sind begeistert von seiner genialen Lösung. Und tatsächlich hat ein anderer Carl Friedrich, nämlich der berühmte Mathematiker Gauß, diese Art der Summation von Zahlen schon Ende des 17. Jahrhunderts angeblich als Schüler entdeckt, als er die Zahlen von 1 bis 100 zusammenzählen sollte. Und, finden Sie die Lösung nach diesem Ansatz?

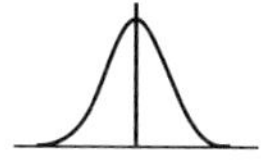

Die Gauß'sche Summenformel geometrisch

Die einfache Formel aus dem vorigen Abschnitt für die Summe der ersten n aufeinanderfolgenden natürlichen Zahlen (also $1 + 2 + 3 + \ldots + n$), die der junge Carl Friedrich Gauß mit einem Trick gefunden hat, ist schon rechnerisch beeindruckend. Der eine oder andere Leser bevorzugt aber vielleicht eher eine geometrische Vorstellung dieser Welt als eine mit Formeln.

In der Mathematik ist es häufig so, dass es viele Wege gibt, um gleiche Gesetzmäßigkeiten herzuleiten. Erstaunlicherweise sind oft geometrische Überlegungen hilfreich, um Formeln für Zahlen zu beweisen, so auch hier. Stellen Sie sich vor, die Anzahlen der einzelnen Elemente der Summe, die Sie bilden wollen, werden durch Quadrate dargestellt. Dann wäre die Summe der Zahlen von 1 bis 7 also ein Quadrat plus zwei Quadrate usw. bis sieben Quadrate. Wenn Sie diese wie in Abb. 16 anordnen, erschließt sich leicht, warum diese Summe durch $7 \times 8/2 = 28$ dargestellt werden kann.

Es fällt auf, dass es sich um etwas mehr als ein halbes Quadrat mit der Seitenlänge 7 Elemente handelt. Konkret ist es das halbe Quadrat zuzüglich der Hälfte der Diagonalquadrate. Das wäre dann $7^2/2$ für das halbe Quadrat plus $7/2$, denn es gibt genau 7 Diagonalelemente, die zusätzlich zum halben Quadrat gezählt werden müssen. Also $72/2 + 7/2 = 49/2 + 7/2 = 56/2 = 28$. Allgemein lässt sich diese grafische Darstellung also als $n^2/2 + n/2$ darstellen. Dieses ist dann $n^2/2 + n/2 = (n^2 + n)/2 = n \times$

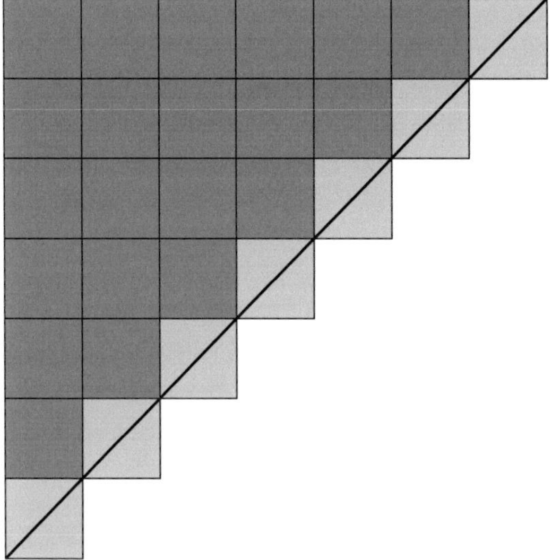

Abb. 16   Die Summe von 1 bis 7, dargestellt durch Quadrate

$(n+1)/2$. Und dieses entspricht genau dem Ergebnis, das auch der junge Carl Friedrich Gauß vor über 200 Jahren gefunden hat.

Wurm auf dem Gummiband

Der Wurm Willi ist hungrig. Er sitzt auf dem Anfangsstück eines Gummitwist-Bandes, welches die Kinder Luca und Sophie am Haus befestigt haben. Am anderen Ende des

Bandes halten die beiden Willis Lieblingsspeise, einen Apfel, den Willi schon erblickt hat. Er macht sich also auf den Weg, kommt in seinem Kriechen auf dem Band allerdings mit 1 cm pro Minute nur langsam voran. Da das Gummiband 1 m lang ist, wird er zwar eine ganze Zeit unterwegs sein, aber die Aussicht auf den Apfel treibt ihn an.

Nachdem er gerade den ersten Zentimeter überwunden hat und also noch 99 cm vor ihm liegen, beginnt das Spiel für Luca und Sophie: Sie ziehen das Gummiband in die Länge, und zwar um einen weiteren Meter auf 2 m Länge. Zwar hat sich Willis Entfernung von der Hauswand durch das Ausdehnen des Gummibandes auch von 1 cm auf 2 cm erhöht, sein Ziel ist nun jedoch 198 cm entfernt. Willi gibt aber nicht auf. Er kriecht erneut 1 cm. Aber Luca und Sophie ziehen das Gummiband einen weiteren Meter auseinander und Willi kann sein Ziel, bevor er erneut 1 cm weiterkriecht, in 2,955 m Entfernung nun schon kaum noch erkennen. Am einfachsten kann man den weiteren Verlauf mit dem Computer ausrechnen. Nach 50-mailiger Wiederholung des Spiels hat sich Willi, bevor er weiterkriecht, gerade einmal knapp 2,25 m von der Hauswand entfernt, das Gummiband ist aber 50 m lang, sodass der Restweg auf 47,75 m angewachsen ist.

Nehmen wir nun etwas großzügig an, dass das Gummitwist-Band sich beliebig weit dehnen lässt und sowohl Willi als auch Luca und Sophie sehr große Ausdauer besitzen. Was meinen Sie: Wird Willi dann jemals seinen heißersehnten Apfel erreichen, obwohl der Restweg, den Willi noch vor sich hat, beständig größer wird?

Die erstaunliche Antwort ist: Ja. Und auch wenn es im ersten Moment vielleicht nur schwer zu glauben ist, so ist die intuitive Erklärung nicht kompliziert. Der Grund liegt darin, dass bei der Ausdehnung des Gummibandes auch der von Willi schon zurückgelegte Teil mitgedehnt wird. Der Anteil des Gummibandes, den Willi zurückgelegt hat, ändert sich beim Auseinanderziehen also nicht. Und immer, wenn Willi sich vorwärtsbewegt, wird dieser Anteil größer. Nach einem ersten Kriechen hat Willi 1 cm von 1 m geschafft, der Anteil ist also 1/100, nach der zweiten Runde hat er bereits 3 cm der Strecke von 2 m überwunden, also einen Anteil von $3/200 = 1/100 + 1/200$. Nach dem dritten Kriechen ist der Anteil gerade $1/100 + 1/200 + 1/300 = 1/100 \times (1/1 + 1/2 + 1/3)$. Allgemeiner hat Willi so nach dem n-ten Kriechen einen Anteil von $1/100 \times (1/1 + 1/2 + 1/3 + \ldots + 1/(n-1) + 1/n)$ des Gummibandes überwunden. Damit kommt er immer weiter voran, wenn auch der Anteil immer langsamer wächst. Man nennt dabei die Summe $1/1 + 1/2 + 1/3 + \ldots + 1/(n-1) + 1/n$ auch die n-te harmonische Zahl und man weiß, dass diese harmonischen Zahlen für wachsendes n über alle Grenzen wachsen. Sehr schön ist das etwa auf https://de.wikipedia. org/wiki/Harmonische_Reihe erklärt. Willi kann also tatsächlich den Apfel erreichen – zumindest in der Theorie. Denn wenn man den genauen Wert ausrechnet, so kommt man auf eine Dauer von vielen Abermilliarden Jahren. In der Praxis muss Willi weniger lange kriechen, denn Luca und Sophie haben schnell ein Einsehen und ziehen das Gummiband nicht weiter, sodass sich Willi genüsslich seinem Apfel zuwenden kann.

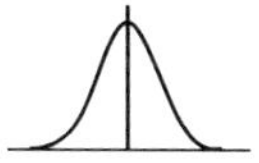

Watt ist die Küsten lang?

Das Wattenmeer: Nationalpark und Anziehungspunkt für viele Urlauber. Ganz naiv gesehen handelt es sich beim Wattenmeer ja schlicht um einen Bereich, bei dem die Nordsee mit ihren Gezeiten auf das Land trifft, und damit erst einmal um eine – besonders reizvolle – Küste. Sie ist der Ausgangspunkt für die folgende Frage an Sie: Wie lang ist eigentlich die deutsche Nordseeküste? Auch wenn Sie jetzt eher aus dem „hohlen Bauch" heraus geraten haben, werden Sie vermutlich – wie wir später sehen werden – trotzdem nicht ganz falsch liegen.

Es finden sich in unterschiedlichen Quellen sehr unterschiedliche Zahlen für die Küstenlänge. Einige Unterschiede basieren dabei auf feinen Details in der Definition, die wir hier einmal außer Acht lassen. Es bleibt aber auch dann ein grundlegendes Problem – nämlich das der Messmethode. Wenn Sie selbst eine erste Annäherung an die Küstenlänge Deutschlands erhalten möchten, dann werden Sie vermutlich in Ihrem Atlas ein paar Punkte an der Küste markieren und die geraden Strecken zwischen den Punkten zusammenzählen. So erhalten Sie einen ersten, ungefähren Wert. Wenn Sie nun aber noch weitere Punkte hinzufügen, wird sich dieser Wert natürlich erhöhen, denn Sie werden Kurven im Küstenverlauf deutlich genauer messen. Und wenn Sie auch kleine Buchten erfassen möchten, dann können Sie z. B. genauere Landkarten zur Hand nehmen und die gleiche Methode fortsetzen. Wieder wird sich Ihre Annährung an die Küstenlänge deutlich vergrößern. Wenn Sie viel Zeit und Muße haben, könnten Sie selbst die Küstenlinie ablaufen, an jedem neuen Meter einen Stab an die Wasserkante setzen und dann die Strecke zwischen diesen zusammenzählen. So können Sie auch kleine Einbuchtungen berücksichtigen.

Und wenn Sie noch genauer messen würden, erhielten Sie einen noch größeren Wert. Es gibt natürlich praktische Grenzen für diese Art des Messens. Aus theoretischer Sicht spricht aber einiges dafür, dass die Küstenlänge, wenn man nur genau genug messen könnte, über alle Grenzen wachsen würde. Von daher können Sie mit Ihrer Schätzung eigentlich kaum falsch gelegen haben. Denn die eine exakte Länge der Küste gibt es schlicht nicht, auch wenn z. B. Wikipedia die Länge der deutschen Nordseeküste (ohne Inseln und Halligen) mit 202 km angibt. Sie müssten also schon einen längeren Urlaub planen, um die deutschen Nordseeküste in ihrer ganzen Schönheit und Länge abzulaufen und nachzumessen.

Verflixte Terrassenfläche

Die Zwillingsbrüder Lukas und Niklas haben gerade erfolgreich ihr Abitur bestanden und wollen nun Opa Karl bei der Anlage einer Terrasse helfen. Es soll ein Fundament betoniert werden. Opa Karl hat den beiden einen großzügigen Zuschuss zu ihrer geplanten Weltreise in Aussicht gestellt. Nun stehen die beiden vor der dreieckigen Fläche, auf der die Terrasse eingerichtet werden soll. Sie rätseln, wie groß die Fläche wohl ist, denn sie sollen gleich mit Opas großem Mercedes zum Baumarkt fahren und Estrichbeton kaufen. Beide haben die Formel zur Flächenberechnung eines Dreiecks nicht mehr im Kopf, und auch die Recherche über ihre Smartphones will nicht funktionieren, da sie in Opa Karls Garten keinen Empfang haben. Also fragen sie ihren Opa. Der lacht und meint, Abiturienten sollten sich das doch leicht selber erschließen können. Zur Unterstützung reicht er ihnen nur Zettel und Stift.

Verzweifelt fangen die beiden an, eine Skizze der Terrasse zu machen (Abb. 17). Nur wie soll man daraus eine Fläche berechnen?

Plötzlich hat Lukas eine Idee. Er erweitert die Skizze um ein Rechteck und zeichnet eine weitere Linie ein (Abb. 18).

Stolz erklärt er seinem Bruder: „So ergeben sich zwei Rechtecke, die jeweils durch Diagonalen geteilt werden. Die Fläche des Dreiecks setzt sich also jeweils aus der Hälfte der beiden Rechteckflächen zusammen. Insgesamt ist die Dreiecksfläche also die Hälfte der Fläche des großen Rechtecks, die Formel müsste also ½ mal Länge der

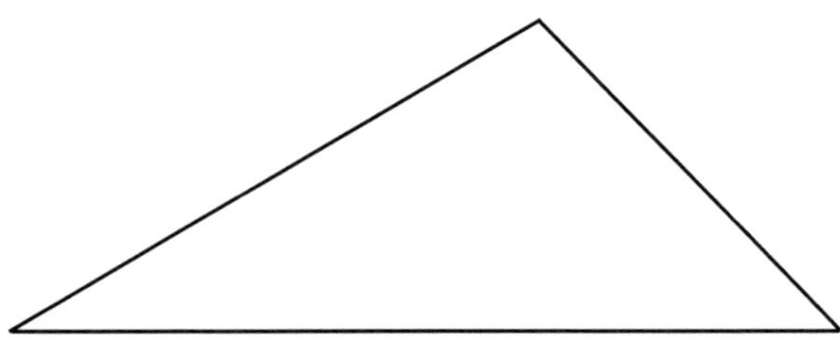

Abb. 17 Wie berechnet man die Fläche dieses Dreiecks?

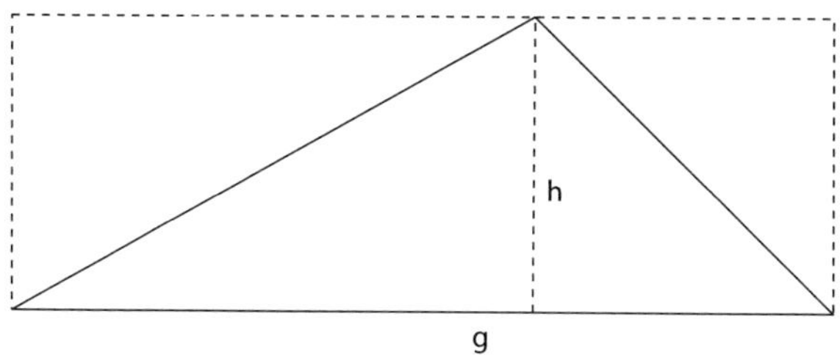

Abb. 18   Erweiterung des Dreiecks zu einem Rechteck

Grundseite g mal Höhe h sein!" Niklas ist – genau wie Opa Karl – begeistert. Jetzt müssen Sie zunächst die Länge der Seite g ausmessen. Da sie keinen großen Winkel zur Verfügung haben, stellt sich jetzt nur noch die Frage, wie sie die Länge der senkrechten Höhe h bestimmen können. Doch dafür hat nun Niklas eine hilfreiche Idee: „Wir können einfach die kürzeste Entfernung von der Spitze des Dreiecks zur Grundseite messen, dann haben wir die Länge der senkrechten Linie h gemessen." Auch das ist schnell gemacht, und sie können die Fläche der Terrasse ausrechnen und wissen damit, wie viel Estrichbeton sie benötigen.

Stolz auf seine Enkel reicht Opa Karl den beiden den Schlüssel des Mercedes und freut sich, dass sie auch ohne sich an die Formel zur Berechnung einer Dreiecksfläche erinnern selber die Lösung gefunden haben.

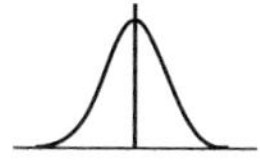

Ein Seil um die Erde spannen

Liebe Leserinnen, liebe Leser, jetzt sind Sie mit einer Schätzung gefragt. Stellen Sie sich vor, ein Seil wäre am Äquator entlang einmal um die ganze Erde gespannt. Damit alles nicht zu unübersichtlich wird, nehmen wir an, dass die Erde eine echte Kugel ohne Berge und Täler wäre. Das Seil liegt jetzt stramm gespannt und berührt den Erdboden an jeder Stelle. Nun trennen wir das Seil an einer Stelle durch und fügen einen weiteren Meter Seil ein. Jetzt wird das Seil gleichmäßig an allen Stellen des Äquators vom Erdboden hochgehoben. Das Seil berührt den Erdboden also an keiner Stelle mehr. Die Frage an Sie ist nun: Was schätzen Sie, wie groß ist der Abstand des Seils zum Boden? Kann etwa eine Ameise einmal am Äquator entlang unter dem Seil hindurchkriechen? Oder können Sie sogar Ihren Finger einmal unter dem Seil hindurchführen? Oder ist sogar noch mehr Platz?

Die Frage ist sicherlich schwierig zu beantworten, denn niemand kann das Experiment wirklich durchführen. Aber zumindest im Modell können Sie die Antwort nachvollziehen. Nehmen Sie sich ein Paketband, legen es einmal um Ihren (runden) Frühstücksteller, verlängern Sie das Band um 1 m und messen Sie nach. Sie werden sehen, dass der Abstand des Bandes zum Teller ziemlich genau 16 cm betragen wird. Und das können wir Ihnen sagen ohne zu wissen, wie groß oder klein Ihr Frühstücksteller tatsächlich ist. Sie können dieses Experiment auch mit Ihrer großen runden Regentonne oder einer kleinen Erbse wiederholen und werden sehen, dass der Abstand wieder ca. 16 cm betragen wird. Und genauso ist es bei der

Erde. Indem in das lange Seil nur 1 m zusätzlich eingefügt wird, kann man das Seil entlang des ganzen Äquators um ca. 16 cm anheben. Kleine Tiere könnten also völlig problemlos unter dem Seil am Äquator entlanglaufen.

Wenn Sie sich noch daran erinnern, wie man den Umfang eines Kreises berechnet, dann können Sie das Ergebnis auch ganz ohne lange Experimente direkt nachrechnen. Der Umfang U eines Kreises mit Radius r beträgt $2\pi r$, wobei $\pi = 3{,}14\ldots$ die Kreiszahl bezeichnet. In unserem Beispiel oben ist U also die Länge des straff gespannten Seils (in m). Verlängern wir dieses nun um 1 m und machen daraus wieder einen Kreis mit neuem Radius r', so hat dieser den Umfang $U + 1 = U' = 2\pi r'$, also erhalten wir durch Einsetzen $2\pi r + 1 = 2\pi r'$. Umstellen nach r' ergibt $r' = r + 1/(2\pi)\ r \approx r + 0{,}16$. Der neue Radius r' ist also der alte Radius r plus 16 cm, egal wie groß der alte Radius r tatsächlich war.

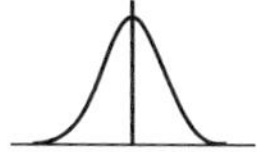

Chinesisches Multiplizieren

Jürgen und Ingrid haben ihre Enkelin Jonna in das gerade neu eröffnete China–Restaurant zum Essen eingeladen. Das Restaurant ist wirklich beeindruckend groß und so fragt Ingrid ihren Mann, wie viele Gäste hier wohl Platz finden. Jürgen lässt den Blick schweifen und stellt fest, dass an den vielen großen Tischen jeweils 12 Gäste sitzen können. Während er mit Jonna zum Buffet geht, zählt er insgesamt 34 Tische und fängt im Kopf an zu rechnen, wie viele Gäste denn nun gleichzeitig im Restaurant essen können. Ingrid wäre doch bestimmt beeindruckt, wenn er ihr die Zahl en passant nennen könnte, wenn er sich wieder an den Tisch setzt. Doch kurz bevor er seine Kopfrechnung abgeschlossen hat, bringt der Kellner die Getränke und Jürgen ist abgelenkt, sodass er mit seinen Zwischenergebnissen durcheinanderkommt. Seufzend fängt er von Neuem an zu rechnen. Seine Enkelin lächelt ihn an, nimmt eine Serviette und zeichnet viele Linien darauf. Kurze Zeit später nennt sie die Zahl 408 für alle Plätze im Restaurant. Jürgen und Ingrid sind begeistert und beugen sich über die Zeichnung, die ihre Enkelin angefertigt hat (Abb. 19).

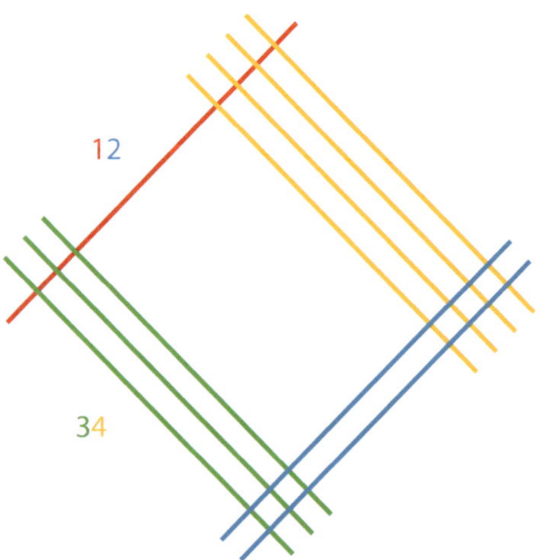

Abb. 19 Chinesisches Multiplizieren

Jonna erläutert: „Ich habe eine alte chinesische Methode angewandt, mit der man ganz einfach zwei zweistellige Zahlen multiplizieren kann."
Jonna führt weiter aus:

Man muss die beiden Zahlen einfach nur übereinander aufschreiben. Dann zeichnet man für die erste Ziffer, also die Zehnerstelle, entsprechend viele Linien schräg ein, für die Einerstelle zeichnet man parallel dazu ein Stückchen weiter ebenfalls entsprechend viele Linien. Ich habe die Ziffern und die Linien einfach farbig gezeichnet, dann sieht man es noch besser. Das gleiche macht man für die zweite Zahl, wobei man die Linien um 90° dreht. Nun fängt man einfach ganz rechts an und schaut, wie viele Schnittpunkte der gelben und blauen Linien es gibt. Diese Anzahl entspricht der Anzahl der Einer der gesuchten Lösung, in unserem Fall 8 Einer. Dann guckt man sich die Schnittpunkte oben und unten an und zählt diese zusammen. Diese Anzahl entspricht den Zehnern der Lösung, in unserem Fall 6 plus 4, das ergibt 10 Zehner, also einen Hunderter. Zum Schluss zählt man die Schnittpunkte ganz links. Dies sind in unserem Fall 3, welches der Anzahl der Hunderter entspricht. Insgesamt haben wir demnach 8 Einer plus 10 Zehner, also ein Hunderter, plus 3 Hunderter, also insgesamt 408.

Ungläubig schauen sich Jürgen und Ingrid an. Das ist wirklich genial, was ihre Enkeltochter ihnen da gezeigt hat. Allerdings findet Jürgen, dass $10 \times 34 + 2 \times 34$ doch einfacher zu rechnen gewesen wäre. Als stolzer Opa sagt er das natürlich nicht.

Mathematik ist rätselhaft

Wenn Sie dieses Buch von vorn bis hierher durchgelesen haben, haben Sie inzwischen hoffentlich viel Interessantes erfahren. Vielleicht haben Sie auch über einige Beispiele selbst noch etwas nachgedacht. Wurden Sie aber schon richtig selbst aktiv? Wir möchten Sie nun herausfordern. Schließlich ist Mathematik kein Zuschauersport. Wir haben eine ganze Reihe von Rätseln für Sie gesammelt. Einige sind eher leicht, andere ziemlich knifflig. Viel Spaß damit!

© Springer-Verlag GmbH Deutschland, ein Teil von Springer Nature 2018
B. Christensen und S. Christensen, *Achtung: Mathe und Statistik,*
https://doi.org/10.1007/978-3-662-57739-4_6

Sommersprossen

Manchmal eigenen sich Rätsel sogar dazu, komplexe mathematische Ideen zu veranschaulichen, so etwa das Konzept des „gemeinsamen Vorwissens" aus der Spieltheorie:

Stellen Sie sich dazu ein kleines Land vor, in dem einige Einwohner Sommersprossen haben, andere nicht. Sommersprossen spielen in der Kultur dieses Landes eine wichtige Rolle: Kein Einwohner weiß, ob er selbst Sommersprossen hat oder nicht, denn es gibt keine spiegelnden Gegenstände und keiner spricht über die Sommersprossen der anderen. Sobald ein Einwohner erfährt, dass er selbst Sommersprossen hat, muss er das Land noch am gleichen Tag verlassen. So will es die alte Tradition. Immer zur Mittagszeit treffen sich alle Einwohner zu einem gemeinsamen Essen.

Heute bekommen die Einwohner aber Besuch von einem Fremden, dessen Worten sie alle Glauben schenken und den sie großzügig bei sich aufnehmen. Der Fremde hält daraufhin beim gemeinsamen Mittagessen eine Dankesrede, die er mit folgenden Worten schließt: „Wie schön, dass es in eurem Land auch (mindestens einen) Sommersprossenträger gibt."

Die Frage ist nun, was daraufhin passiert. Wenn Sie selbst Lust haben zu rätseln, dann lesen sie jetzt nicht weiter. Man muss aber etwas um die Ecke denken.

Zur Lösung: Bei nur einer Person mit Sommersprossen ist die Lösung einfach. Da diese Person sieht, dass alle anderen keine Sommersprossen haben, muss sie das Land verlassen.

Aber was geschieht, wenn es mindestens zwei Sommersprossenträger gibt? Dann scheint die Aussage des Entdeckers ja auf den ersten Blick keine Auswirkungen haben zu können, da ja alle auch schon vorher selbst einen Sommersprossenträger gesehen haben. Auf den zweiten Blick aber doch. Gibt es zwei Sommersprossenträger, so werden beide am ersten Tag das Land nicht verlassen, denn beide wussten ja schon, dass es mindestens einen Sommersprossenträger gibt. Aber beim gemeinsamen Mittagessen am Folgetag stellen Sie fest, dass der andere noch immer da ist. Das kann aber nur daran liegen, dass sie selbst Sommersprossen tragen, und beide verlassen das Land an diesem Tag. Bei drei Sommersprossenträgern dauert es dann noch einen Tag länger, aber auch dann verlassen sie das Land, denn sie wissen, dass es nicht nur zwei gegeben haben kann usw.

Das Beispiel macht deutlich, dass eine scheinbar kleine Zusatzinformation als „gemeinsames Vorwissen" ausreicht, um eine bis dahin offene Frage (Wie viele Sommersprossenträger gibt es in der Gruppe?) zu lösen.

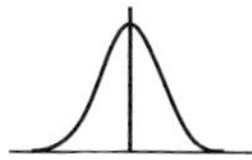

Maxi rennt

Ute und Frank möchten gemeinsam mit ihrem Hund Maxi einen ausgiebigen Sonntagsspaziergang unternehmen. Ute startet dazu von zu Hause, Frank zusammen mit Maxi von der Hundeschule, die 10 km entfernt liegt, und sie planen sich in der Mitte zu treffen. Ute und Frank gehen dabei jeweils mit 5 km/h. Maxi kann sich aber nicht entscheiden, ob er mit seinem Herrchen oder seinem Frauchen gehen möchte. Außerdem ist er schneller unterwegs als die beiden, sodass er von Frank aus startet und Ute entgegenläuft. Wenn er diese erreicht hat, läuft er wieder zu Frank zurück, von dort aus wieder zu Ute und so weiter. Maxi läuft dabei mit 10 km/h. Das Hin-und-Herlaufen geht dabei so lang bis alle sich in der Mitte treffen. Maxi hechelt ordentlich, und Ute fragt sich, welche Strecke er wohl zurückgelegt hat. Können Sie ihr helfen?

Egal, ob Sie auf die Lösung gekommen sind oder nicht: Beides spricht in gewisser Weise für Sie. Denn bei dieser Aufgabe kann Ihnen auch zu viel mathematisches Wissen im Wege gestanden haben. Gerade geübte Mathematiker gehen die Frage oft an, indem sie zuerst ausrechnen, wie weit Maxi laufen musste, um Ute zu erreichen. Anschließend berechnen sie die Strecke bis er Frank wieder erreicht usw. und zählen all diese Strecken zusammen. Auf diese Weise kommt man auf eine sogenannte geometrische Reihe, deren Wert man berechnen kann. Im Kollegenkreis der Autoren sind alle, die die Aufgabe nicht kannten, so vorgegangen.

Es gibt aber einen sehr viel einfacheren Weg, auf den vielleicht auch Sie gekommen sind: Man rechnet einfach die Zeit aus, die Maxi unterwegs war. Da Ute und Frank jeweils mit 5 km/h unterwegs sind und 10 km voneinander entfernt starten, treffen sie sich nach einer Stunde. Da Maxi 10 km/h läuft, war er 10 km unterwegs. So einfach ist es, und komplizierte Reihen sind gar nicht nötig.

Von dem berühmten Mathematiker John von Neumann erzählt man sich übrigens die Anekdote, dass ihm ein ganz ähnliches Rätsel bei einer abendlichen Party von der Gastgeberin gestellt worden sei. Als er die Lösung sofort nannte, war die Gastgeberin überrascht, dass von Neumann den Trick offenbar gleich gesehen hatte. „Welchen Trick?", fragte von Neumann. „Ich habe einfach die geometrische Reihe berechnet." Maxi wird es egal sein. Er freut sich nach dem Spaziergang auf einen ruhigen Nachmittag im heimischen Garten.

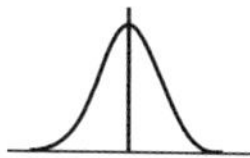

Zauberhaftes Zahlenrätsel

Das folgende Rätsel ist ursprünglich für eine Weihnachts-Kinderausgabe unserer Kolumne entstanden. Wir denken aber, dass es auch für größere Leser spannend sein kann.

Denken Sie sich einfach eine Zahl aus und schreibt sie auf ein Blatt Papier. Es spielt dabei gar keine Rolle, wie groß die Zahl ist, mit kleineren Zahlen lässt sich das Rätsel aber leichter im Kopf rechnen. Als erstes verdoppeln Sie die Zahl, die Sie sich ausgedacht haben. Anschließend zählen Sie 10 zu dem Ergebnis hinzu. Die neue Zahl teilen Sie durch 2. Und zum Schluss ziehen Sie die Zahl, die Sie sich ursprünglich ausgedacht hatten, ab.

Nun kommt das Rätselhafte: Wir wissen, was Ihr Ergebnis ist! Sie sollten als Ergebnis 5 heraushaben (wenn nicht, rechnen Sie noch einmal nach). Sie glauben nicht, dass die 5 immer das Ergebnis der Rechenaufgabe ist? Dann probiert Sie es einfach mit anderen Zahlen aus. Immer wird 5 herauskommen.

Wie kann das sein? Um den Trick zu verstehen, lassen wir einfach einmal den zweiten Schritt („Abschließend zählt ihr 10 zu dem Ergebnis hinzu") weg. Dann würden Sie zuerst Ihre Zahl verdoppeln, um sie anschließend durch 2 zu teilen. Es kommt nun wieder die ursprüngliche Zahl heraus. Genau diese sollten Sie aber im letzten Schritt abziehen. Das Ergebnis wäre immer 0. Dadurch, dass Sie im zweiten Schritt aber zusätzlich 10 hinzuzählen und alles im dritten Schritt durch 2 teilen, kommen immer 5 zu der 0 hinzu. Egal welche Zahl Sie sich also ausgedacht haben, beim Zahlenrätsel wird immer 5 herauskommen.

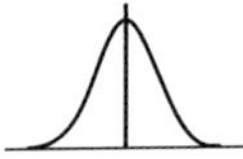

Von Tigern und der Freiheit

Anfang 2017 starb in New York der amerikanische Mathematiker und Logiker Raymond Smullyan. Bekannt wurde er weniger durch seine Forschung, sondern eher als Erfinder philosophischer und logischer Rätsel, die häufig auf den ersten Blick leicht erscheinen, aber dann doch ziemlich vertrackt sein können. Ihm zum Gedenken möchten wir eines seiner Rätsel präsentieren:

Es war einmal ein König eines fernen Landes. Nach dem Lesen der Kurzgeschichte "Die Dame oder der Tiger?" kam er auf die Idee, die logischen Fertigkeiten seiner Häftlinge zu prüfen. Am nächsten Tag wurde ein Gefangener zum König gebracht und beide gingen gemeinsam zu zwei verschlossenen Räumen. Der König erklärte, dass jeder der beiden Räume entweder eine Dame oder einen Tiger enthalte. „Es können auch hinter beiden Türen Tiger versteckt sein oder jeweils Damen. Mit einer Dame können Sie in die Freiheit entschwinden, der Tiger wird Sie höchstwahrscheinlich fressen. Entscheiden Sie also gut, welche Tür Sie öffnen. Dazu habe ich jeweils ein Schild an den Türen angebracht. Wenn Sie klug kombinieren, können Sie vielleicht Ihr Leben retten."

„Angenommen, in beiden Zimmern sind Tiger", fragte der Gefangene. "Was mache ich dann?" „Das ist dann Pech!", antwortete der König. „Und bei zwei Damen haben Sie einfach Glück gehabt. Da ist die Wahl der Tür egal."

„Aber wie ist die Sache bei einer Dame und einem Tiger?", will der Häftling wissen. „Wie kann ich da wissen, welchen Raum ich wählen soll?" Der König wies auf die Schilder an den Türen der Zimmer. Auf dem ersten war zu lesen „In diesem Zimmer ist eine Dame und im anderen Zimmer ein Tiger" und auf dem zweiten „In einem der beiden Zimmer ist eine Dame und in dem anderen Zimmer ist ein Tiger".

„Ist es wahr, was die Schilder sagen?", fragte der Gefangene. „Eines von ihnen ist wahr", antwortete der König, „aber das andere ist falsch." Wenn Sie der Gefangene wären, welche Tür würden Sie öffnen (vorausgesetzt natürlich, dass Sie die Dame gegenüber dem Tiger bevorzugen)?

Wenn Ihnen dieses Rätsel zu einfach war, dann können Sie sich ja einmal am „schwierigsten Rätsel der Welt" versuchen, das ebenfalls auf Smullyan zurückgeht und sich unter diesem Namen etwa bei Wikipedia findet.

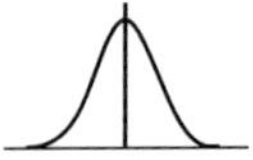

Das Alter der Söhne

Stellen Sie sich folgendes Szenario vor, von dem wir leider nicht wissen, wann es sich zugetragen hat: Zwei Mathematiker treffen sich zufällig. „Hattest du nicht drei Söhne und darunter sogar Zwillinge?", fragt der eine. „Wie alt sind die denn heute?" Darauf antwortet der andere: „Das Produkt der Jahre ist 36, und die Summe der Jahre entspricht dem Tag des heutigen Datums." Der erste runzelt die Stirn: „Die Informationen reichen mir nicht." Darauf ergänzt der Befragte: „Oh ja, der älteste Sohn spielt Fußball."

Sie meinen, dass das Rätsel mit den Informationen nicht lösbar und vor allem die letzte Antwort vollkommen nutzlos ist? – Versuchen wir, uns der Lösung gemeinsam zu nähern. Als erstes kann man die Information verwenden, dass die Söhne alle mindestens ein Jahr alt sein müssen, denn sonst kann das Produkt der Lebensjahre nicht 36 sein. Die sich ergebenden Alterskombinationen für ein Produkt von 36 sind dann (Summe der Altersjahre jeweils in Klammern): 1, 1, 36 (38); 1, 2, 18 (21); 1, 3, 12 (16); 1, 4, 9 (14); 1, 6, 6 (13); 2, 2, 9 (13); 2, 3, 6 (11); 3, 3, 4 (10). Die erste Möglichkeit scheidet aus, da es keinen 38. Tag eines Monats gibt. So bleiben nur sieben Möglichkeiten übrig, die zu einem Produkt von 36 und einer Summe von maximal 31 führen. Da aber nicht alle diese

Paarungen für Zwillinge infrage kommen, bleiben nur 1, 6, 6 (13); 2, 2, 9 (13); 3, 3, 4 (10).

Da der erste Mathematiker, der ja das Datum der Begegnung kennt, nach den ersten beiden Informationen nicht sicher in der Lage war, sich die richtige Antwort zu erschließen, muss es dafür also mindestens zwei Möglichkeiten geben. Das trifft nur auf die Kombinationen 1, 6, 6 (13); 2, 2, 9 (13) zu. Und tatsächlich ergibt dann auch die dritte Information des befragten Mathematikers Sinn. Denn im ersten Fall mit 1, 6, 6 (13) gibt es zwei gleichaltrige älteste Söhne (wenn man Spitzfindigkeiten bei Zwillingsgeburten einmal außer Acht lässt). Es bleibt durch die Zusatzinformation also nur noch die Kombination 2, 2, 9 (13) übrig, die alle Informationen vereint.

Das kleine Beispiel zeigt, dass häufig scheinbar nutzlose Informationen doch von Bedeutung sein können, um sich Zusammenhänge systematisch zu erschließen. Nur um gängigen Vorurteilen vorzubeugen: Auch die Vollblutmathematiker hätten wohl einfach das Alter ihrer Kinder genannt.

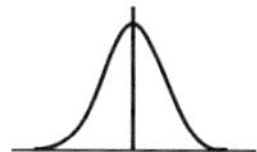

Ist doch logisch!

Dieses Rätsel wurde besonders 2016 vielfach in den sozialen Netzwerken geteilt, sodass der eine oder andere Leser vielleicht schon davon gehört hat. Es geht um drei Personen, die sich in einem Raum befinden: Anne, George und

Jack. Jack ist verheiratet und George nicht. Jack schaut Anne an, aber Anne guckt auf George. Die Frage ist nun einfach formuliert: Blickt eine verheiratete Person auf eine unverheiratete? Die Antwortmöglichkeiten sind – wenig überraschend:

A Ja.
B Nein.
C Das kann man mit den Informationen nicht sicher sagen

Bevor wir zur Lösung kommen, nehmen Sie sich gern einen Moment Zeit, in Ruhe darüber nachzudenken, bevor Sie weiterlesen.

Das Rätsel stammt von Hector Levesque, einem Informatiker an der University of Toronto. Es wurde als das „Rätsel, das fast jeder falsch macht" bekannt. Das kommt daher, dass in Tests über 80 % der Teilnehmer falsch gelegen haben sollen. Die meisten haben sich dabei für die Antwort „C: Das kann man mit den Informationen nicht sicher sagen" entschieden. Man weiß es aber sehr wohl, die richtige Antwort ist A: Es blickt auf jeden Fall eine verheiratete Person auf eine unverheiratete.

Man weiß nur nicht, welches die Personen sind, da man nicht weiß, ob Anne verheiratet ist oder nicht. Spielen wir einmal die beiden Fälle durch: Ist Anne unverheiratet, dann schaut der verheiratete Jack auf die unverheiratete Anne. Ist Anne hingegen unter der Haube, dann blickt die verheiratete Anne auf den unverheirateten George. Die Antwort auf die Frage ist also eindeutig „Ja". Und – zumindest wenn einem die Begründung bekannt ist – eigentlich ganz einfach.

Wenn Sie auf die richtige Antwort gekommen sind, dann können Sie sich also mit gutem Recht selbst auf die Schulter klopfen. Wenn Sie sich für die Antworten B oder C entscheiden haben, dann wissen Sie, dass Sie in guter Gesellschaft sind.

Sind Sie so gut wie Albert Einstein?

Seien Sie nun auf der Hut mit vorschnellen Antworten! Andernfalls könnte es Ihnen gehen wie dem großen Physiker Albert Einstein. Dieser soll nämlich von eben diesem Rätsel hinters Licht geführt worden sein. Er bekam es von seinem Freund, dem Psychologen Max Wertheimer, Anfang der 1930er-Jahre in einem Brief gestellt. Beide lebten zu der Zeit – vor den Nationalsozialisten aus Deutschland geflüchtet – im amerikanischen Exil: Einstein in Princeton und Wertheimer in New York. Das Rätsel ist einfach formuliert und lautet im Originalwortlaut wie folgt:

Ein altes klappriges Auto soll einen Weg von 2 Meilen fahren, einen Hügel hinauf und hinunter. Die erste Meile – den Anstieg – kann's, weil's so alt ist, nicht rascher fahren als mit der Durchschnittsgeschwindigkeit von 15 Meilen pro Stunde. Frage: Wie rasch muss es die zweite Meile laufen – beim Herunterfahren kann's natürlich rascher vorwärtskommen –, um eine Gesamtgeschwindigkeit (für den Gesamtweg) von 30 Meilen pro Stunde zu erzielen?

Natürlich hat Albert Einstein die Aufgabe schlussendlich lösen können. Allerdings gestand er in seinem Antwortbrief, dass er die Lösung erst nach der ausführlichen Rechnung erkannte, und merkte an: „Solche Witzchen zeigen einem, wie blöd man ist!" Nun sind Sie gefragt! Kommen Sie auf die Antwort? So viel sei schon hier verraten: Sie werden so ein Auto noch nicht gesehen haben.

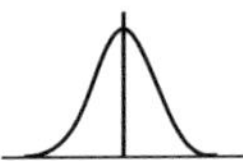

„Ziegenproblem" mit zwei Spielern

Peter und Gerda haben sich durch alle Runden einer Spielshow gekämpft und stehen nun kurz vor dem Gewinn eines nagelneuen Sportwagens. Für das letzte Spiel sind im Studio drei verschlossene Tore aufgebaut. (Der aufmerksame Leser wird an dieser Stelle vielleicht an das inzwischen berühmt gewordene sogenannte „Ziegenproblem" denken, das in abgewandelter Form schon in unserem ersten Buch *Achtung Statistik* behandelt wurde. Hier sind die Spielregeln aber anders.) Hinter einem der Tore ist der Sportwagen versteckt, hinter einem anderen liegt eine Niete. Allein das Aufspüren des Sportwagens führt aber noch nicht zum Gewinn. Stattdessen müssen die Kandidaten auch noch den Autoschlüssel finden, der sich hinter dem letzten Tor befindet. Dazu müssen sowohl Peter als auch Gerda aktiv werden. Peter ist zuerst an der Reihe und Gerda muss in der Zeit den Raum verlassen und bekommt nicht mit, was drinnen geschieht.

Peter darf nun nacheinander zwei der drei Tore öffnen. Findet er dabei nicht den Sportwagen, müssen beide ohne einen Gewinn nach Hause fahren. Taucht der Sportwagen hinter einem der zwei geöffneten Tore auf, dann geht das Spiel weiter. Dazu werden die Tore wieder verschlossen und Gerda ist an der Reihe, ohne dass beide zwischenzeitlich miteinander sprechen können. Gerda darf nun ebenfalls zwei Tore öffnen und muss dabei den Schlüssel finden. Ist sie erfolgreich, dann können beide mit dem neuen Sportwagen nach Hause fahren.

Bevor das Spiel losgeht, dürfen beide sich noch kurz besprechen. Peter beschäftigt sich in seiner Freizeit immer wieder mit Statistik und rechnet Gerda vor: „Es gibt drei Tore und hinter einem ist der Sportwagen. Da ich zwei Tore öffnen darf, ist die Wahrscheinlichkeit, den Sportwagen zu finden 2/3. Das ist ja ganz gut. Aber du musst ja auch noch erfolgreich sein. Wenn wir nun beide einfach zufällig zwei Tore öffnen, dann findest du den Schlüssel auch mit einer Wahrscheinlichkeit von 2/3. Die Wahrscheinlichkeit, das Auto zu bekommen, beträgt also nur noch $2/3 \times 2/3 = 4/9$. Das sind nicht einmal 50 %.“ Nun hat aber Gerda einen Geistesblitz: „Ich hab's! Wenn wir uns nur vorher eine Strategie überlegen, in welcher Reihenfolge wir die Tore öffnen, dann stehen wir viel besser da. Wir können es sogar so anstellen, dass wir den Wagen mit einer Wahrscheinlichkeit von 2/3 bekommen.“ Peter ist verwirrt und versteht noch nicht, was Gerda sich überlegt hat. Gerda hat aber tatsächlich recht. Finden Sie die Strategie? Wenn Sie es nicht abwarten können, dann lesen Sie auch gern einfach weiter.

Lösung des „Ziegenproblems mit zwei Spielern"

Einige der Leser sind sicher selbst auf die erstaunliche Lösung des vorigen Problems gekommen. Für alle anderen möchten wir diese jetzt erläutern. Dazu muss Peter mit Tor 1 anfangen. Wenn dahinter das Auto ist, hört er auf. Wenn sich der Schlüssel hinter Tor 1 befindet, soll er als Nächstes Tor 2 versuchen, bei der Niete Tor 3. Gerda startet in jedem Fall mit Tor 2. Wenn sie dahinter nicht den Schlüssel findet, sondern die Niete, öffnet sie Tor 3. Findet sie hingegen hinter Tor 2 das Auto, macht sie mit Tor 1 weiter.

Warum diese Strategie tatsächlich dazu führt, ihre Chancen auf den Gewinn auf 2/3 zu steigern, lässt sich an Tab. 5 ablesen. Der Trick besteht darin, dass Gerda an der Information, dass sie die zweite Runde spielen darf, ablesen kann, dass Peter in der ersten Runde das Auto gefunden hat. Wenn sie also als erstes Tor 2 öffnet und dahinter den Schlüssel findet, haben beide in jedem Fall gewonnen. Findet sie hinter Tor 2 die Niete, weiß sie,

Tab. 5 Die möglichen Verteilungen von Auto, Schlüssel und Niete

Inhalt hinter Tor 1 – 2 – 3	A – S – N	A – N – S	S – A – N	S – N – A	N – A – S	N – S – A
Spieler 1	Tor 1: A	Tor 1: A	Tor 1: S Tor 2: A	Tor 1: S Tor 2: N	Tor 1: N Tor 3: S	Tor 1: N Tor 3: A
Spieler 2	Tor 2: S	Tor 2: N Tor 3: S	Tor 2: A Tor 1: S	(Tor 2: N) (Tor 3: A)	(Tor 2: A) (Tor 1: N)	Tor 2: S
Spielausgang	Auto	Auto	Auto	nichts	nichts	Auto

dass Peter hinter Tor 1 das Auto gefunden haben muss, sonst wäre das Spiel nicht weitergegangen. Sie muss also Tor 3 öffnen, um den Schlüssel zu finden. Findet sie hinter Tor 2 hingegen das Auto, muss Peter vorher hinter Tor 1 den Schlüssel gefunden haben. Sie öffnet also Tor 1, um zu gewinnen. Wenn also Peter in der ersten Runde das Auto gefunden hat, hängt der Gewinn gar nicht mehr von Gerdas Wahl ab, solange sie sich an die abgesprochene Strategie hält.

Gerdas Scharfsinn führt tatsächlich zum Erfolg, und beide können den Heimweg in ihrem neuen Sportwagen antreten.

Münzwürfe

Manchmal sind auch einfache statistische Rätsel Inspirationsquellen für Fortschritte in ganz anderen Gebieten der Mathematik. So auch das folgende Experiment: Anna und Bernd haben je eine Euromünze, die sie jeweils mehrmals nacheinander werfen. Anna wirft so lange, bis zum ersten Mal der „Adler" zweimal direkt hintereinander oben liegt. Wenn wir kurz „A" für Adler und „Z" für Zahl schreiben, dann hört sie also auf, sobald AA erscheint. Ein paar Beispielwurffolgen sind also: AA, ZAA. Aber manchmal kann es auch deutlich mehr Würfe erfordern, so etwa bei ZAZZZAZAA. Bernd spielt ein ganz ähnliches Spiel: Er wartet, bis der Adler gefolgt von

Zahl erscheint, also AZ (in dieser Reihenfolge). Die Frage ist nun, wer von beiden im Mittel länger warten muss. Was meinen Sie?

Die meisten Menschen tippen spontan darauf, dass beide gleich lang werfen müssen – schließlich ist die Wahrscheinlichkeit für das Erscheinen der beiden Kombinationen jeweils 1/4 (der erste Münzwurf tritt mit 1/2 ein, genauso wie der zweite). Die Sache ist aber etwas komplizierter. Die Wahrscheinlichkeit, dass Anna oder Bernd nach zwei Würfen schon aufhören können, ist zwar noch gleich. Schauen wir aber einmal, was bei drei Würfen geschieht. Dabei können acht mögliche Wurffolgen auftreten:

AAA	Anna hört nach zwei Würfen auf
AAZ	Anna hört nach zwei Würfen auf, Bernd nach 3 Würfen
AZA	Bernd hört nach zwei Würfen auf
AZZ	Bernd hört nach zwei Würfen auf
ZAA	Anna hört nach drei Würfen auf
ZAZ	Bernd hört nach drei Würfen auf
ZZA	Keiner hört auf
ZZZ	Keiner hört auf

Wie schon erwartet, ist die Wahrscheinlichkeit, bereits nach zwei Würfen erfolgreich zu sein, für Anna und Bernd gleich: nämlich $2/8 = 1/4$. Genau drei Würfe zu benötigen, tritt für Anna aber nur in einem von acht Fällen auf, bei Bernd aber in zwei von acht. Bernd hat also eine höhere Wahrscheinlichkeit, dass seine Kombination zuerst erscheint. Insgesamt kann man ausrechnen, dass Anna im Mittel sechs Würfe benötigt, während Bernd mit vier auskommt, damit zum ersten Mal ihre

Münzkombinationen geworfen werden. Dazu ist allerdings mehr als die Berechnung in den ersten drei Runden nötig. Aber eigentlich reicht es doch fast aus. Für die Frage, ob nämlich etwa in der zehnten Runde die gewünschte Kombination auftritt, sind nur die Ergebnisse in der neunten und zehnten Runde entscheidend und es spielt keine Rolle, was zuvor passiert ist. Wenn Sie sehr motiviert sind, versuchen Sie es einmal selbst!

Für alle anderen geben wir hier die Lösung für die im Mittel nötige Anzahl a der Würfe an, um zweimal A nacheinander zu erhalten (Annas Fall):

- Fällt zu Beginn Z, dann sind wir in der gleichen Situation wie vorher. Im Mittel werden danach – neben dem ersten Wurf – noch a weitere benötigt. Das passiert mit Wahrscheinlichkeit 1/2.
- Fällt gleich zu Beginn zweimal A, dann sind nur zwei Würfe nötig. Das passiert mit Wahrscheinlichkeit ¼.
- Fällt zuerst A und dann Z, dann wurden zwei Würfe gemacht, und wir sind wieder in der Situation wie vorher. Im Mittel werden danach – neben den ersten beiden Würfen – noch a weitere benötigt. Das passiert mit Wahrscheinlichkeit ¼.

Zusammengefasst ergibt sich: $a = \frac{1}{2} \times (1 + a) + \frac{1}{4} \times 2 + \frac{1}{4} \times (2 + a)$

Auflösen nach a liefert: $a = 6$.

Ähnlich (wenn auch etwas aufwendiger) lässt sich für Bernds Fall (AZ) zeigen, dass er im Mittel vier Würfe benötigt.

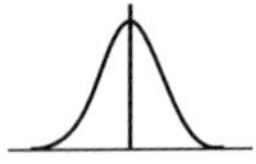

... und Primzahlen

Die kleine Aufgabe im vorigen Abschnitt wurde in einem Kurs an der amerikanischen Stanford-Universität behandelt, den auch der Zahlentheoretiker Kannan Soundararajan besuchte. Sie inspirierte ihn und seinen Kollegen Robert Lemke Oliver dann aber zu einer neuen Erkenntnis über Primzahlen:

Eine Primzahl ist bekanntermaßen eine natürliche Zahl größer als 1, die nur durch 1 und sich selbst teilbar ist. Die ersten der unendlich vielen Primzahlen sind 2, 3, 5, 7, 11, 13, 17, 19, … Abgesehen von der 2 und der 5 enden alle Primzahlen auf eine der Ziffern 1, 3, 7 oder 9, und es ist bekannt, dass all diese Endziffern im Mittel gleich häufig auftreten – ganz ähnlich wie die zwei Seiten beim Werfen einer Münze. Nachdem Soundararajan von der Münzwurf-Aufgabe erfahren hatte, fragte er sich, wie es sich mit den Endziffern von zwei aufeinanderfolgenden Primzahlen verhält. Seine vorige Vermutung war, dass diese sich nicht gegenseitig „beeinflussen". Diese Ansicht wurde von den meisten Zahlentheoretikern in diesem Bereich geteilt. Der Hintergrund ist, dass die meisten Mathematiker die Verteilung der Primzahlen für rein „zufällig" halten. Die Primzahlen sind durch ihre Definition zwar klar festgelegt, aber in der Verteilung der Primzahlen sind nahezu keinerlei Muster zu erkennen.

Wie wir in dem Münzwurfbeispiel gesehen haben, ist die Frage aber keineswegs so klar, wie es im ersten Moment scheint. Und tatsächlich stellten Soundararajan und Lemke Oliver fest, dass zwei aufeinanderfolgende Primzahlen deutlich seltener auf die gleiche Ziffer enden, als man erwarten würde. Untersucht man etwa die ersten 1 Mrd. Primzahlen, so sieht man, dass auf eine Primzahl, die auf 9 endet, 65 % häufiger eine Primzahl folgt, die auf 1 endet, als eine, die ebenfalls 9 als letzte Ziffer hat. Obwohl sich Generationen von Mathematikern intensiv mit Primzahlen beschäftigt haben, schien dies bisher niemandem aufgefallen zu sein. Neben dieser rein numerischen Beobachtung fanden die beiden Mathematiker sogar eine theoretische Erklärung für dieses Phänomen. Und damit wurde durch eine kleine statistische Aufgabe eine weitreichende neue Entdeckung zu Primzahlen ermöglicht.

Formel für schnelle Bilder

Viele von ihnen werden vermutlich schon einmal direkt oder indirekt Erfahrungen mit einem Computertomografen (CT) gesammelt haben. Die Untersuchung in der „Röhre" ist für die meisten Patienten nicht angenehm, bietet aber andererseits oft die einzige Möglichkeit, wichtige Diagnosen zu stellen. Das Prinzip dabei ist einfach: Es werden aus vielen unterschiedlichen Richtungen Röntgenaufnahmen des Körpers gemacht. Daraus werden dann sogenannte Schnittbilder erzeugt, die einen Blick in den Körper ermöglichen.

Der aufmerksame Leser wird sich an dieser Stelle vermutlich die Frage stellen, wie der vorige Absatz seinen Weg in dieses Buch finden konnte. Denn zumindest auf den ersten Blick scheint es sich ja um ein rein medizinisches Thema zu handeln. Und Sie werden hoffentlich bei Ihrer letzten CT-Untersuchung auch mit einem Arzt und nicht mit einem Mathematiker gesprochen haben. Aber trotzdem steckt in jedem CT auch ein großes Stück Mathematik. Es bleibt nämlich das Problem, wie man aus den vielen einzelnen Röntgenaufnahmen ein Gesamtbild zusammensetzen kann. Für ein erstes derartiges Verfahren erhielt der Ingenieur Godfrey Hounsfield (zusammen mit Allan McLeod Cormac) im Jahr 1979 den Nobelpreis für Medizin. Der Nachteil dieses Verfahrens lag darin, dass noch Stunden Rechenzeit notwendig waren, um aus den Messungen ein Bild zu erzeugen. Dies wäre in der medizinischen Praxis sicher nicht akzeptabel. Stattdessen wird in modernen Geräten heute ein Verfahren eingesetzt, das die Berechnung der Bilder in wenigen Sekunden ermöglicht. Die dafür verantwortliche Mathematik wurde interessanterweise schon mehr als ein halbes Jahrhundert vor der Erfindung des CT entwickelt, und zwar von dem Mathematiker Johann Radon (1887–1956). Dieser ahnte nicht, dass die nach ihm benannte Radonumkehrformel einmal diesen praktischen Nutzen haben sollte. So ist also einer der wesentlichen Pioniere der Computertomografie schon ein Jahrzehnt vor dessen eigenticher Erfindung verstorben. Wie so oft wurde damit das „richtige" Wissen der Mathematik schon auf Vorrat produziert.

Aber auch die Radonumkehrformel ersetzt nicht den langen, oft unangenehmen Aufenthalt in der „Röhre", weil schon die einzelnen Messungen ihre Zeit benötigen. Wie aber auch für dieses Problem moderne Mathematik helfen kann, die Anzahl der nötigen Messungen erheblich zu reduzieren, beschreiben wir im nächsten Text.

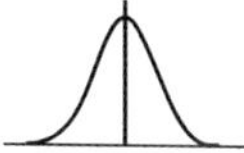

Formel für schnelle Bilder, Rätsel

Haben Sie aber keine Sorge! Wir werden Ihnen jetzt nicht alle Formeln, die gebraucht werden, um zu verstehen, wie Mathematik die benötigte Zeit in einem Computertomografen erheblich reduzieren kann, im Detail präsentieren. Stattdessen soll die Methode mittels eines Rätsels verdeutlicht werden:

Sie haben in einer dunklen Kaschemme als Wechselgeld zwölf 1-Euro-Münzen erhalten. Es wird Ihnen aber von einem Freund mitgeteilt, dass genau eine dieser Münzen eine Fälschung ist. Diese sieht genauso aus wie die anderen Münzen und unterscheidet sich nur durch ein anderes Gewicht. Sie wissen aber nicht einmal, ob das Gewicht höher oder niedriger ist. Leider ist Ihre Digitalwaage defekt, sodass Sie nur eine Balkenwaage nutzen können. Sie können also mit jedem Wiegevorgang nur messen, ob der Inhalt der linken oder der rechten Waagschale schwerer ist oder ob sie gleichviel wiegen. Sie können nun natürlich immer zwei Münzen gegeneinander wiegen, bis Sie alle einmal gemessen haben. Aber das wären bis zu sechs Wiegevorgänge. Es geht aber auch mit weniger Messungen. Die Frage ist nun: Wie oft müssen Sie mindestens wiegen, damit Sie sich sicher sein können, welches die falsche Münze ist?

Wenn Sie mögen, dann denken Sie einen Moment über diese Frage nach. Sie werden sehen, dass das Rätsel nicht einfach ist. Vielleicht wird der eine oder andere Leser sogar tagelang knobeln. Um Ihnen nicht den Spaß zu verderben, werden wir die Lösung auf der nächsten Seite beschreiben. Hier sei nur so viel verraten: Drei Messungen reichen aus. Das ist vermutlich weniger, als Sie auch nach einigem Nachdenken vermutet haben.

Was hat dies nun aber mit Computertomografen zu tun? Um die Zeit für einen CT-Scan zu verkürzen, bleibt nur, die Zahl der Messungen zu reduzieren. Dabei soll aber die Qualität des Scans nicht schlechter werden. Wie viele Scans benötigt man nun dafür? Die Frage ist also ganz ähnlich wie bei dem obigen Münzbeispiel. Und auch beim CT-Scanner ist es so, dass durch geschickte Art der Messungen die Anzahl der nötigen Scans ganz erheblich reduziert werden kann. Die dazu nötige allgemeine Theorie wird als Compressed Sensing bezeichnet und wurde in den vergangenen Jahren von einigen der besten Mathematiker entwickelt.

Formel für schnelle Bilder – Lösung Rätsel

Man wiegt etwa immer vier Münzen, z. B. in den Konfigurationen (Waagschale 1 gegen Waagschale 2): Münzen 1, 2, 3, 4 gegen 5, 6, 7, 8, dann 1, 2, 5, 6 gegen 3, 9, 10, 11, dann 1, 4, 8, 11 gegen 3, 5, 10, 12. Damit lässt sich die gefälschte Münze exakt identifizieren. Ist etwa immer Waagschale 1 schwerer, dann kann das nur an der schwereren Münze 1 liegen. Ist bei den ersten beiden Wiegevorgängen Schale 1 schwerer und beim dritten sind beide Schalen gleich schwer, so liegt das an der schwereren Münze 2. Und entsprechend lässt sich für jede der 12 Münzen eindeutig identifizieren, ob sie im Gewicht von den anderen abweicht.

Die ersten Fälle sind in Tab. 6 angegeben:

Beim Auffinden dieser Lösung ist etwas Knobeln nötig. Aber wieso kann man optimistisch sein, überhaupt mit drei Wiegevorgängen zum Ziel zu kommen? Bei jedem

Tab. 6 Die ersten Fälle beim Wiegen von jeweils 4 Münzen

1. Wiegen	2. Wiegen	3. Wiegen	Ergebnis
Schale 1 ist schwerer	Schale 1 ist schwerer	Schale 1 ist schwerer	**Münze 1 ist schwerer**
Schale 1 ist schwerer	Schale 1 ist schwerer	Ausgeglichen	**Münze 2 ist schwerer**
Schale 1 ist schwerer	Schale 1 ist schwerer	Schale 1 ist leichter	**Tritt gar nicht auf**
Schale 1 ist schwerer	Ausgeglichen	Schale 1 ist schwerer	**Münze 4 ist schwerer**
Schale 1 ist schwerer	Ausgeglichen	Ausgeglichen	**Münze 7 ist leichter**

Wiegen können bei der Waage drei Zustände auftreten: Die linke Waagschale ist schwerer, leichter oder genauso schwer wie die rechte. Bei dreimaligem Wiegen erhält man also $3 \times 3 \times 3 = 27$ mögliche Konfigurationen. Für das Auftreten der Fälschung in einer der zwölf Münzen und der zusätzlichen Information, ob diese schwerer oder leichter ist, gibt es nur $12 \times 2 = 24$ Möglichkeiten. Man kann also auf eine Lösung hoffen, und in der Tat findet man auch eine wie oben angegeben.

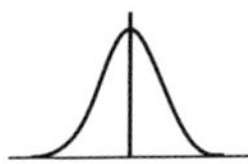

Münzen-Rätsel

Sie sind der Finanzminister eines finsteren Herrschers und haben für diesen gerade die Steuern von zehn Bürgern eingetrieben. Von jedem haben Sie ein Säckchen mit jeweils sehr vielen Goldmünzen erhalten. Die genaue Zahl haben Sie noch nicht bestimmt, und das Zählen würde lange dauern. Nun aber wird Ihnen von der stets gut informierten Geheimpolizei gemeldet, dass einer der Steuerzahler betrogen hat. Er hat statt der geforderten reinen Goldmünzen lediglich goldüberzogene Münzen mit Silberkern abgeliefert. Diese wiegen statt der geforderten 10 g damit auch nur 9 g. Ihnen wurde aber nicht mitgeteilt, welches Säckchen dies betrifft. Sie sollten das aber möglichst schnell in Erfahrung bringen, denn der Herrscher will demnächst die Einnahmen bei Ihnen abholen und könnte seine Wut über den Betrug sonst auch an Ihnen auslassen. Immerhin haben Sie eine Waage, mit der Sie das Gewicht bis auf das Gramm genau bestimmen können. Aber viel Zeit bleibt Ihnen nicht. Können Sie das Säckchen mit den Silbermünzen mit nur einem Wiegevorgang herausbekommen?

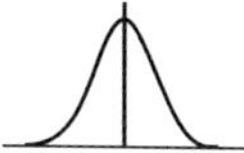

Eisfischer

Winterzeit ist Eisangelzeit. Auch wenn man in vielen Wintern unser schönes Schleswig-Holstein wohl noch verlassen muss, um diesem Hobby nachzugehen, soll es sich doch darum drehen.

Drei Freunde verbringen einen Tag beim Eisangeln. Abends treffen sie sich an der von ihnen gemieteten Hütte, legen alle ihren enormen Fang in einen gemeinsamen Eimer und feiern danach ausgiebig ihren erfolgreichen Tag. Zu vorgerückter Stunde stellen die drei fest, dass sie gar nicht mehr wissen, wer eigentlich genau wie viele Fische aus dem Wasser gezogen hat. Sie einigen sich darauf, den Fang einfach gleich untereinander aufzuteilen.

Als der erste Angler morgens aufwacht, schlafen die anderen noch. Da er aber schon aufbrechen möchte, geht er zum Fischeimer, teilt die Fische unter den dreien auf. Dabei bleibt ein Fisch übrig, den er zurück ins Wasser wirft, bevor er die restlichen zwei Drittel zurück in die Tonne legt und mit seinem Drittel nach Hause fährt. Als der zweite Angler erwacht, ist es im Haus ruhig. Er denkt, dass die anderen beiden wohl noch schlafen, geht ebenfalls zur Fischtonne, teilt die Fische durch drei. Auch dabei bleibt ein Fisch übrig, den er ebenfalls ins Wasser wirft, bevor auch er abfährt. Genauso ergeht es auch dem dritten Angler: Er teilt die verbliebene Fischzahl durch drei, dabei bleibt ein Fisch übrig. Diesen wirft er ins Wasser, und mit seinem Drittel fährt er von dannen.

Die Frage ist nun: Wie viele Fische hatten die Angler ursprünglich gefangen? Es gibt mehrere Lösungen. Geben Sie die kleinste mögliche Anzahl an.

Auch wenn dieses Rätsel harmlos wirkt, ist es doch in gewisser Weise in die Wissenschaftsgeschichte eingegangen. So wird berichtet, dass dieses Rätsel dem Physiker Paul Dirac gestellt wurde, als er noch Schüler war. Seine Lösung wurde allerdings nicht akzeptiert, obwohl sie sicher kleiner war als die Lösung, die Sie gefunden haben. Er behauptete, die Fischer hätten -2 (minus (!) 2) Fische im Eimer gehabt. Davon hat dann jeder einen weggeworfen, hatte dann $-2-1=-3$ Fische und hat davon zwei Drittel dagelassen, also $2/3 \times (-3) = -2$. Diese Lösung ist also mathematisch korrekt, passt allerdings offensichtlich nicht zu dem realen Problem. Trotzdem soll dieser unvoreingenommene Umgang Diracs mit negativen Zahlen ihn später dazu geführt haben, Lösungen bestimmter physikalischer Gleichungen mit negativer Energie nicht gleich als sinnlos zu verwerfen, sondern damit neue Sichtweisen auf die Physik zu ermöglichen.

Sachverzeichnis

© Springer-Verlag GmbH Deutschland, ein Teil von Springer
Nature 2018
B. Christensen und S. Christensen, *Achtung: Mathe und Statistik*,
https://doi.org/10.1007/978-3-662-57739-4

Printed in France by Amazon
Brétigny-sur-Orge, FR

48270008R00181